跟韩国泡菜第一人学制作，各种名品泡菜全搞定！

李河然教你在家
做纯天然韩国泡菜

腌泡菜之前，请注意以下几点！

★ 腌制泡菜，关键是盐分和气候！

腌制泡菜时，盐分的基准为15%~20%。要注意，即使是同样的材料，也需根据不同季节和气候随时进行调整。在盐分相同的条件下，夏天缩短腌制时间，冬天延长腌制时间。

★ 区分粗粒盐、烤盐和洗涤盐！

腌制泡菜材料或在材料上面首次上盐时，最好使用2年以上、去掉苦味的天日盐（盐田法制成的海盐）。相对而言，天日盐的盐分较低，如果购买了市场上销售的粗粒盐腌制泡菜，需要减少盐量。大部分泡菜在调味时均使用粗粒盐，而在制作水泡小萝卜和泡萝卜时，要使用无杂质的洗涤盐调味。

★ 根据不同情况选择少许和适量。

“适量”指的是根据现场的情况进行加减。比如辣椒粉，根据它的色泽和辣味决定加减；而盐，根据腌制泡菜人的口味进行调整。“少许”指的是比1/3小匙更少的量。

★ 只使用净汤的鱼酱和连料带汤一同使用的鱼酱，这两种需要区别。

鳀鱼鱼酱只使用净汤，而虾酱连料带汤一同使用。用带鱼内脏制作的鱼酱，多数情况下只使用汤。针对虾酱或带鱼内脏酱，本书另有标记，指明是否使用汤。

★ 预先掌握海带汤与糯米糊的制作方法。

许多泡菜使用海带汤和糯米糊，不同泡菜的用量各不相同。由于版面有限，制作方法无法一一说明。其做法大抵相同，差别在于材料的分量，参考28页制作即可。

★ 1杯为200mL，1大匙为15mL，1小匙为5mL。

同一种材料，根据不同情况，计量工具会有区别。比如鱼酱，材料量多时用杯计量，量少时用汤匙计量。

跟韩国泡菜第一人学制作，各种名品泡菜全搞定！

李河然教你在家做纯天然韩国泡菜

（韩）李河然　著
李花子　译

河南科学技术出版社
·郑州·

前言

离出版第一本泡菜书，已经过了整整5年的时间

我第一次写泡菜书，倒不是因为对它的了解有多深刻，纯粹是出于对泡菜的热爱和执着。在后来的日子里，我通过腌制许许多多的泡菜和教授泡菜的做法，在逐渐了解它的同时，也获知了它的些许弊端，那就是其高盐度。

泡菜属于发酵食品，不含热量，是富含矿物质、纤维、胡萝卜素的营养食品，与此形成鲜明对比的，正是它的高盐度。所幸，韩国家家户户普及了泡菜冷柜，泡菜即使不像从前那般腌制得过咸，也能长期保存。推出本书的主要意图在于腌制低盐度泡菜，所以本书中的盐量和鱼酱含量比以往要低。至今一半的人生从事着和食物相关的工作，在这过程中我感触最深的就是：如果违背了自然规律，人的身体就会遭殃。我认为我们的身体是自然进化的产物，所以，进入体内的食物，不论在什么情况下，都必须保持它的纯粹。由此可见，用心的农民种出来的纯粹的农作物，经腌制成为酱类或泡菜，以此为基础做出来的家常饭菜，才是最健康的食物。

常言道：饮食决定孩子的行为和头脑。对食品没有决定权的孩子们，已被浸满添加剂的加工食品和快餐深深毒害。现在，应该是大人站出来的时候了。腌出不含化学调味料或砂糖的低盐度纯泡菜，让孩子们在家常饭菜中品尝出纯正的口感。

泡菜是韩国固有的饮食。若要把它分类为某种食品，是很难的事情，因为泡菜和韩国人的生活、情感有着千丝万缕的联系。

围坐在泡菜饭桌前联系情感，是我们拥有的非常好的文化。如今，泡菜冷柜越发变得华丽，然而躺在里面的泡菜日益凄凉，对眼前的这个事实，我感到十分揪心。我将追随妈妈的妈妈腌制泡菜的手法，把泡菜文化延续下去。

我的出发点并不是提高泡菜的销量，而是想给更多的人亲手提供泡菜。现在的家庭主妇，面对准备材料、清理、清洗、腌制、拌抹等过程，都觉得十分烦琐，因此会放弃尝试的勇气。事实上，泡菜不过是开头的过程比较烦琐和麻烦罢了，一旦腌制成功，放进冷柜里调好温度，泡菜既是自然发酵的食品，也是随时活用的便捷食物。

当爱家的主妇们为了摆一桌家常饭菜打算亲手腌制泡菜时，我希望这本书可以成为她们优秀的向导。

李河然

2011年 9月

Contents

目　录

四棵
白泡菜和水泡菜

五棵
珍味泡菜

六棵
泡菜料理

小提示

泡菜常识早知道！

★ 泡菜调料要调咸些，熟成之后才合口味。

★ 唯有不加入化学调料、砂糖、洋葱、大葱、精制盐的泡菜，才会越熟成越好吃。

★ 如果泡菜的味淡了，只倒出泡菜汤水，在汤水中加入液态鱼酱调味，之后再把汤倒回泡菜中即可。

★ 在春季，使用过冬白菜浸泡整棵辣白菜时，浸泡时间要短。由于过冬泡菜长时间储藏在低温仓库，如果腌渍时间过长，就会丧失白菜的糖分。

★ 夏季用冬耕白菜制作时，不要直接给白菜撒盐，而要制成浓度10%左右的盐水进行腌渍。需根据冬耕白菜的不同尺寸，调整腌渍时间。

★ 根据泡菜材料的尺寸、水分含量、盐分浓度，以及水温等季节环境的差异，腌渍时间会有所变动。因此，请随时检查这些状态。

★ 腌渍整棵白菜时，如果白茎部分依然新鲜，少量撒入土盐的同时，填馅料。

★ 夏季腌渍整棵泡菜时，可用韭菜代替萝卜。

★ 夏季泡菜，根据个人喜好，可加入粉碎的红椒、干椒、青椒。

★ 腌渍汤水泡菜时，水质很重要。管道自来水需预先接水，静置7h（小时），飞掉氯之后再用于腌泡菜。制作汤时，需把土盐的盐度调成3%，这样才能提升新鲜刺激的口感。

★ 方片萝卜泡菜汤里加入稀米糊、萝卜汁、梨汁和大蒜汁，用土盐调味即可。这时请使用榨汁或切片的大蒜，如果加入捣碎的大蒜，汤水会变得混浊。

★ 腌渍老泡菜时，少用调料，多加入辣椒籽，这样才能保持长久的辛辣味。

★ 如果泡菜里加入过多的生参，汤底会变混浊，会有苦味，请控制好生参含量。

★ 在夏季，白天腌渍的泡菜，需在临睡前放入冰箱保存。特别是泡嫩萝卜，夏季一旦放在外面熟成，色泽就会变黄，也加强了酸味。

★ 泡菜要在低温中长时间熟成，才能降低酸味，时间越长越好吃。请在15℃常温下熟成36h左右后，放进4~8℃的冰箱里保存20天以上。

★ 如何消除泡菜的异味

浸满泡菜味的容器里加入切碎的蔬菜，盖好盖子过一夜，就能除掉泡菜的异味。手上的泡菜味，请用醋清洗掉。

★ 如何消除泡菜的酸味

将松叶、菊苣、柿子叶等带苦味的材料或栗子皮、生栗子等埋进泡菜里，或1棵泡菜中加2个鸡蛋外壳，或加入含有甲壳素成分的贝壳，都能降低泡菜的酸味。

头一次腌泡菜，

绝对不失败的秘诀

选材与清理/分类腌渍/熟成与保存/不同泡菜和鱼酱的组合/准备天然材料/制作天然调料/用海鲜提味

腌泡菜容易，腌出好吃的泡菜却是难上加难。现在给大家公布从选择优质材料，到恰到好处地腌制、拌出美味，提炼出最佳口感等的腌渍要诀，分类、分过程详细整理出重点，教你在腌渍过程中不入误区，原原本本地体会名品泡菜之真味的秘诀。

选材与清理

精心栽培的材料，一看便知。细心观察材料的大小和外观、色泽和香气。下面给出了挑选最佳泡菜材料的精选秘诀和清理重点。

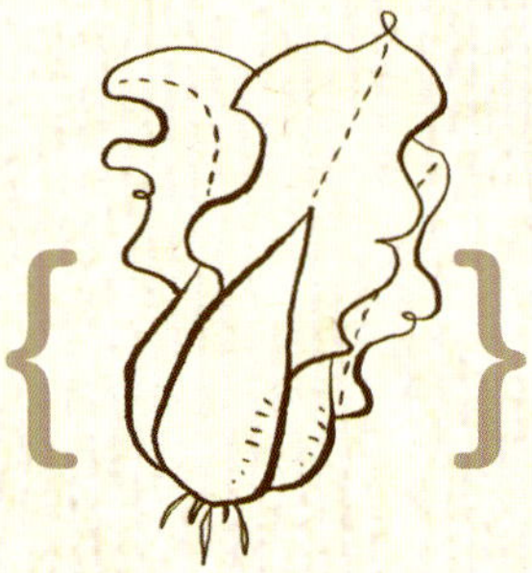

白菜

大小 2.5~3kg的中等个头味最好。这个尺寸的白菜，从中间切半之后，腌渍整棵辣白菜最好不过。不同白菜品种多少有些差异，例如，需要切4等份的大白菜，由于水分多，容易发软，香味不够。不使用化肥和农药栽培的有机白菜，长到一定程度时不容易长高，所以，挑选白菜时只需看大小，就知道它是通过什么方法栽培的。

色泽和外观 表皮发绿，内心发黄的，味才香甜。白菜的实心也称为“结球”，结球过硬的无味，需挑选结球80%的白菜。这种结球白菜的好处在于，入刀时不费力，叶片间撒盐时也轻松，入味也快。如果结球过硬，白菜特有的香气会减弱，也不好吃。

味和香 栽培过程中浇水过度的白菜，只要腌过就知晓。浇水过度的白菜容易蔫也容易烂。优质白菜有两种：尽量不浇水，在贫瘠的土地上栽培的白菜和长时间在太阳底下栽培的白菜。多多少少在贫瘠的环境中生长的白菜，味道更纯正，这种白菜一旦切开，立马散发出白菜特有的香味。

清理 择掉发黄的表叶，留下全部绿叶。绿叶有韧性，并且是营养成分特别多的部分。从白菜底部入刀，切到整棵白菜的1/3处，剩余部分用手掰开。如果白菜个头大，分4瓣。腌渍泡菜时，如果考虑到泡菜的外观和口味，最好选择个头较小的白菜，只分两瓣腌渍即可。泡菜放进保鲜盒，上面盖层表叶，这样泡菜就不会直接与空气接触，熟成时口味也地道。收集外形优良的表叶，专门腌渍后，可用作泡菜的软盖。

季节、类别及白菜产地

老泡菜用白菜：京南高冷地
冬储泡菜用白菜：京畿道杨平郡
过冬白菜：全罗南道海南郡
春白菜（6月为上）：京畿道杨平郡
夏白菜（7~8月）：江原道洪川郡、横城郡、旌善郡等高冷地

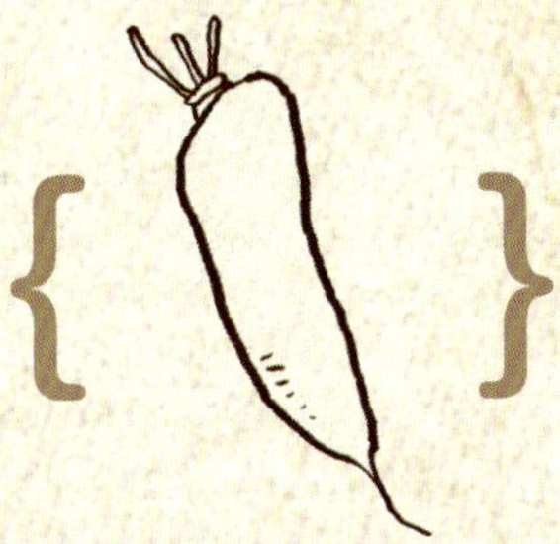

萝卜

大小 最好选择中等大小，重量约1kg的朝鲜萝卜（传统萝卜）。需要挑选结实有分量的，这种萝卜水分适中，也没有空心。冬储泡菜用萝卜对产地要求不高，从冬季至来年5月，最好选用济州产萝卜，因为济州产萝卜口味甘脆。到了6~7月，萝卜无味，也不是产季，所以这时候的泡菜里不加萝卜。从8月到初秋，使用高冷地萝卜。

色泽和外观 外观滑溜，杂毛不多，有光泽的萝卜为优选。与整体细长的萝卜相比，中段圆实的萝卜更好吃。最好挑选埋入地里的白色部分占整体长度的2/3，连接茎叶的绿色部分占整体长度1/3左右的萝卜。带新鲜长茎叶的萝卜为首选，不过也要切开茎叶查看有无空心，忌选茎叶空心的萝卜。

味和香 优质萝卜甘甜中带辛香味。切开品尝时，选择口感甜而脆的萝卜。春季的萝卜辣劲十足，却甘味不足；与此相反，秋季的萝卜水分多且甘甜，直接生吃也美味。萝卜中富含助消化的淀粉酶，感到胀气时生吃萝卜见效。

清理 先择除打蔫的叶子，再择掉带茎叶的头部，去除细毛。清洗时使用刷子刷洗，不必用刀削皮。萝卜茎叶另外收集，可腌渍成泡菜或干菜。

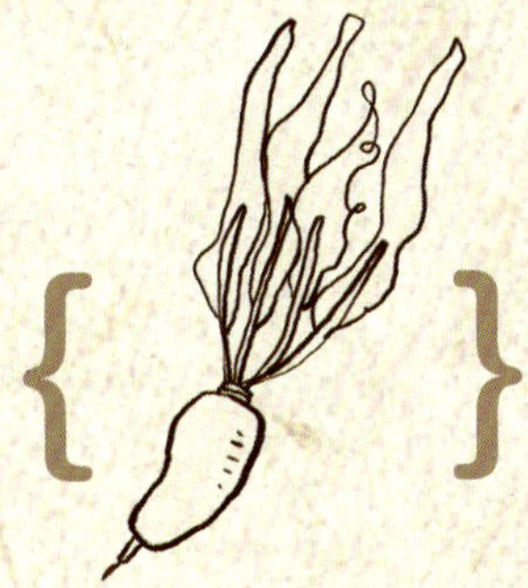

短桶形白萝卜

大小和外观 挑选中等大小、坚硬的萝卜。短桶形白萝卜的茎叶不算长，最好挑选绿色茎叶较多的萝卜。大家一般喜欢挑选外观润泽而圆滑的萝卜，事实上土种短桶形白萝卜的茎叶连接部分呈现松茸状且粗的才是真正的短桶形白萝卜。短桶形白萝卜水分多，味甘脆口。

味和香 选用在切开生吃时，不是辛辣刺激而是甜而脆爽的萝卜。空心萝卜不够味，忌选。

清理 处理细毛。用刀切断茎叶部分发黄、发蔫的叶子。用刀刮除萝卜和茎叶之间的脏表皮后，进行清洗。

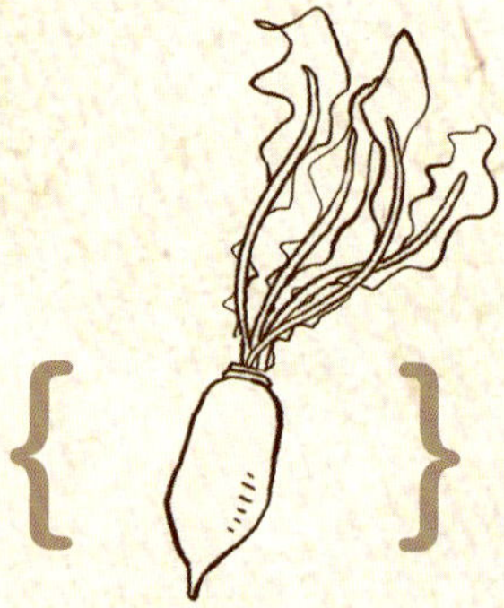

椭圆形白萝卜

大小和外观 5~6月短暂亮相的椭圆形白萝卜，适合腌渍刀切的鳞泡菜或石榴泡菜。因为椭圆形白萝卜比短桶形白萝卜个头大，比普通萝卜个头小，在不产短桶形白萝卜的季节，用椭圆形白萝卜代替短桶形白萝卜。

清理 和短桶形白萝卜的清理法基本相同。先清理细毛，再用刀刮净茎部的脏物，之后进行清洗。

味和香 到5月为止使用济州岛萝卜，在济州岛萝卜过季后，开始使用椭圆形白萝卜，味道不算很好。椭圆形白萝卜味辣，易发涩味，甘脆味不够。但是，由于椭圆形白萝卜茎叶长、模样漂亮，在夏季用来制作水泡萝卜，效果一流。由于它具有辣味，最好等充分熟成之后再食用。用从酸梅原汁中捞出来的梅子腌渍的梅子水泡萝卜，外观和色泽俱佳，最适合上宴客桌。

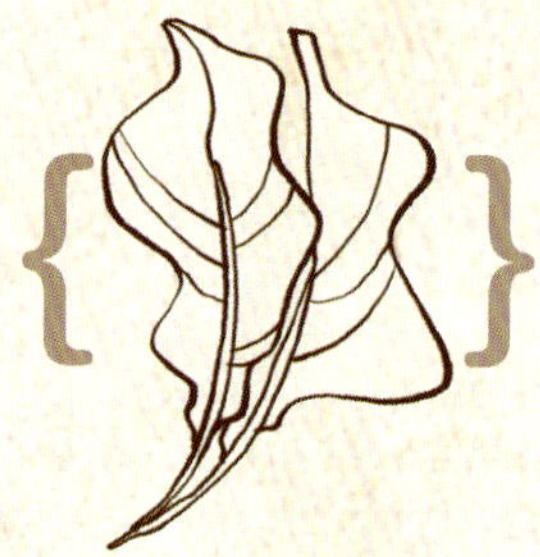

芥菜

大小和外观 芥菜根据不同种类分青芥菜、红芥菜、山芥菜。青芥菜口味清淡，用于水泡萝卜、白泡菜（不含辣椒）等泡菜中。红芥菜主要用作整棵辣白菜为主的多种泡菜内馅。特别是整个冬天在露地过冬，3~4月上市的海南红芥菜，加入带鱼腌制成内馅，口味刺激又爽口。用丽水产山芥菜腌制的泡山芥菜，香味浓郁且带苦味，是开胃珍宝；另外，可制成陈年芥菜老泡菜，也很好吃。

味和香 刺鼻的辛香味是芥菜的特点，种类不同，辣味也不同。青芥菜辣味最轻，山芥菜、红芥菜辣味依次增强。

清理 选择茎长质嫩的芥菜。忌选叶片过大，茎过硬的。择掉发黄的表叶、整理根部之后清洗即可。芥菜一旦接触鱼酱，立即打蔫，所以需要轻度腌制，才会有水分，食用时也不发硬。

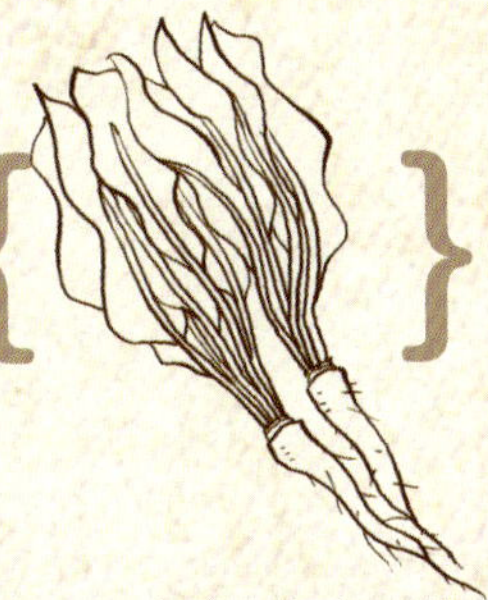

还阳参

外观和味 野生还阳参叶短根长且饱满，具有略苦的芳香味。应选择叶片有光泽，色泽鲜明的。最接近野生还阳参口味的，是11~12月产于全罗北道的还阳参。韩国海南产冬季栽培的还阳参，味道也不错。根细、毛须多的还阳参，味淡且不具苦味，建议不要选用。

清理 用刀刮除茎部脏物之后，连根用盐水浸泡，等泡出苦水之后腌渍泡菜。野生还阳参用盐水腌渍后，浸泡一周，水需要一天换一次，这样可消除苦味。而地里栽培的还阳参，只需一两天时间就够了。如果浸泡时间过长，苦味彻底消失，会丢失原味。盐渍的还阳参，水分流失过多，所以用液体鱼酱或糯米糊调节浓度。

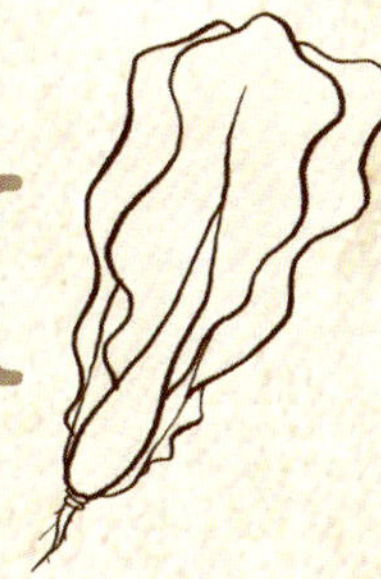

奶白菜

外观和味 奶白菜分小叶奶白菜和大叶密生的日产奶白菜。小叶奶白菜多用于水泡菜和泡小萝卜，大叶密生奶白菜可以像辣白菜一样腌渍。

清理 日产奶白菜品种干净，甚至达到了无须清理的程度。用盐水腌渍时，白茎部朝底竖起来腌渍，在浸泡中途放平，连同叶子一起腌渍。

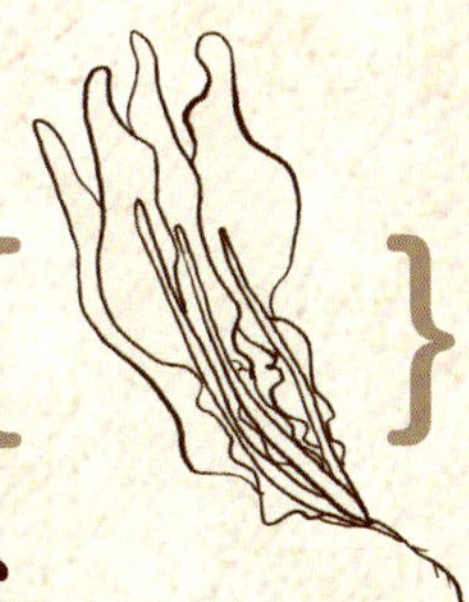

小萝卜

大小和外观 用手指测量时，长度约13cm的为最佳，略带小刺毛的为新鲜小萝卜。主要吃叶子，萝卜大小并不重要。需挑选茎粗色浓绿的。腌制水泡菜或者拌菜时，需挑选长度短的嫩萝卜，叶片过大过硬的味道差。

清理 挑选质嫩、水分多的材料，清洗时力度要轻柔，否则容易发青味。注意不要碰伤菜叶，水泡会丧失原有的香气，对着水龙头清洗容易伤叶，最好的办法是接一桶水，在水里轻轻浸洗小萝卜。直接撒盐会伤叶子，需用盐水浸泡，且清洗之后马上腌渍，才能保持原味。

细香葱

外观和味 首先要察看白色根须部。饱满圆溜，颗粒结实的才是美味的传统细香葱，腌制成泡菜时，才会散发特有的葱香味。挑选叶短、中等粗细、辣味适中且带甘香味的细香葱。

清理 抓一把细香葱排放整齐，一刀切断根。接着一根一根拿起，剥掉带泥的表皮和发黄的叶子。在流水中搓洗，以便冲洗剩下的表皮，洗完过筛沥水。

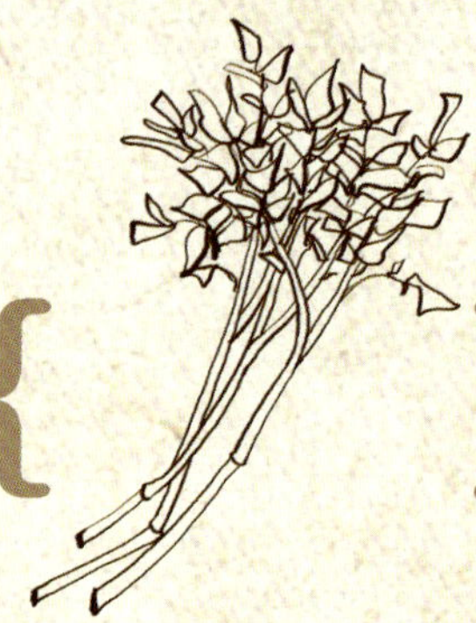

水芹

外观和味 在食用时，原则上水芹的叶子都会择掉，泡菜用水芹，最好只采用茎条。叶子全部择干净后用于泡菜，才显得整洁。过粗的水芹茎味淡，过细的嚼不烂，最关键的是选择适度饱满的水芹。

清理 择掉叶子，切掉茎部的厚茎。由于水芹喜生在农田和田边的沟里，以前的水芹上蚂蟥特别多，需要用冰冷的水浸泡一夜；而最近蚂蟥确实很少见，在流水中甩洗即可。

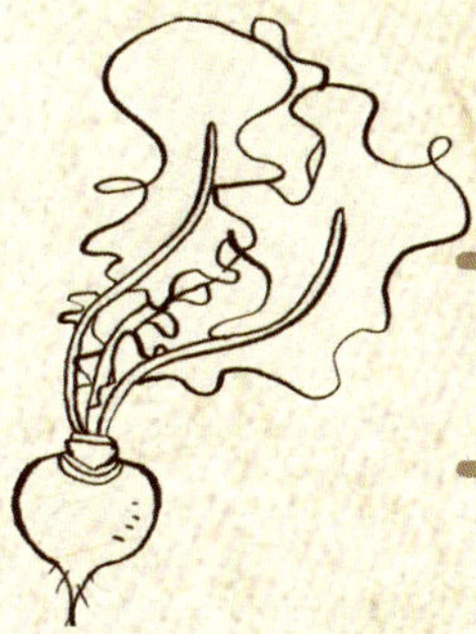

芜菁

味和香 江华岛特产芜菁，用来腌制泡菜，能提升芜菁特有的苦味及芥末香。挑选表皮发紫、浓香味的芜菁。

韭菜

清理 挑选叶厚、无黄叶的韭菜。用手对搓韭菜茎，去掉脏表皮后再使用。韭菜在清洗和腌渍泡菜时，需排放整齐，这样在食用时既美观又方便。

黄瓜

味和香 比起青黄瓜，白黄瓜多用于腌渍泡菜。虽然白黄瓜多籽，却相对味香且甘甜。制作黄瓜夹心时，需精心挑选无籽白黄瓜。专门用于制作醋渍黄瓜的小黄瓜，用来制作夹心泡菜也不错。小黄瓜几乎没有籽，尺寸小，用它腌渍泡菜，口感十分清脆。使用盐水腌渍，比直接撒盐更美味。

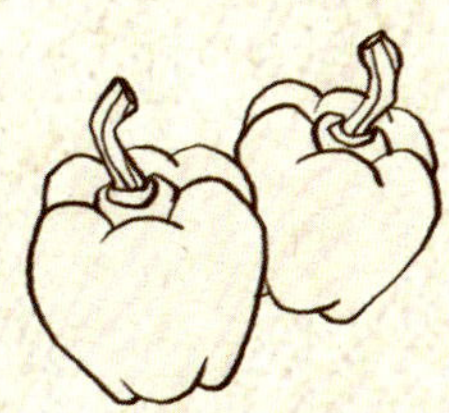

甜椒

味和香 不辣，散发着辣椒幽幽的香气。由于甜椒色泽鲜艳，多用于白泡菜。甜椒一旦腌渍，就会丧失特有的香气，因此，用于泡菜的甜椒，刀切后直接使用。

分类腌渍

腌渍的最佳盐度为15%~20%。不过要留意气候、气温以及材料状态，根据这些变化调节盐的比例和腌渍时间，泡菜才能达到最佳口感。

白菜

冬储白菜（10h左右） 每一棵白菜（2.5kg）需1L水、1杯盐。最佳浸泡时间为10~12h，浸泡途中最好翻面一次。冷天在室外腌渍时，需延长2~3h。轻度腌渍的白菜有嚼劲，如果喜欢这种吃法，腌渍时间需缩短1~2h；腌渍白泡菜时，也缩短腌渍时间，轻度腌渍。如果还有水分，调料只停留在白菜表面，味道会很淡。因此，将白菜切面朝底覆在柳条盘（沥水篮）上，置留3h，使水分彻底沥干，这点很重要。

春、夏白菜（5h左右） 表面看不出差别，拿在手上掂量时，就知道与秋白菜的重量差异了。春、夏白菜和秋白菜相比，结球不够紧实，自身水分也很多，盐量只使用冬储白菜的2/3就够了。腌渍时间也要缩短到5~6h。过2~3h后翻面，调换上下位置继续浸泡。经过这个方法腌渍之后，沥水时间只需2h即可。气候热时入味较快，可减少盐量或缩短浸泡时间。

腌渍方法

以腌10kg白菜为基准（白菜5棵/水5L/盐5杯）

（1）除掉白菜杂乱的表叶，从底部中心入刀切开后，用手掰成两半儿。如果叶柄处入刀过深，白菜易碎无味，因此尽量用手掰开。

（2）备用水中化开一半盐，白菜浸入之后，逐个打开叶片，在叶片之间洒入盐水，以便进一步入味。

（3）盐水浸过的白菜放入另一个桶里，剩余的盐撒向叶柄处。撒盐时需避开叶面，以免叶片过咸。之后，为了防止盐水流失，白菜切面朝上层层叠放，更利于腌渍。

（4）叠放好白菜之后，浇入剩余的盐水。在腌渍过程中，调换白菜的上下排位。

（5）如果白菜用手打弯时茎部不会脆裂、富有弹力，即可沥水。沥水过程中要注意，需适当保留水分，过度沥水易丧失白菜的脆感。在腌渍泡白菜时，最好轻度腌渍。用流水涮洗四遍，捞至柳编筐里沥水。为了方便沥水，白菜的切面朝下摆放。须彻底沥干水分，以便调料完全渗透。

切开茎部，用手掰成两半儿

盐水浸泡腌渍

途中换位

捞出沥水

奶白菜和小萝卜

夏季小萝卜和奶白菜（1h左右） 主要在夏季腌渍，需调低盐度，即时腌渍。个短质嫩的小萝卜，1捆重量在1.4~1.5kg，腌渍出来的重量在1kg左右。如果腌渍3捆小萝卜，需要3L水、1杯盐。这个分量比例的盐水，能够充分浸泡小萝卜，也会使小萝卜在最短时间内均匀入味。小萝卜需在浸泡之前清洗干净。如果在腌渍后冲水，会丧失小萝卜特有的香气，并散发青味。因此，即使腌渍得过咸，也不必用水冲洗，因为用于水泡菜的腌渍小萝卜，在制作过程中自然会变淡。奶白菜的腌渍方法和小萝卜相同。1捆奶白菜重3~4kg，所需盐度和小萝卜相同。而奶白菜的腌渍时间比小萝卜长30min左右。腌渍时将奶白菜立起来，使茎部先入味，在中途翻位时全部放平，进行整体腌渍。

清理小萝卜茎部

盐水浸泡

清理奶白菜茎部

立起腌渍

腌渍方法

以腌3kg小萝卜为基准（小萝卜3捆/水3L/盐1杯）

（1）用刀刮除小萝卜根部的表皮，清理茎部，并用水清洗三次。

（2）标准分量的水中加入2/3杯的盐，化开之后，加入小萝卜浸泡，剩下的盐撒在小萝卜上面。

（3）过30min左右，翻面一次，再过30min小萝卜打蔫后，捞到箩筐里。

黄瓜

黄瓜夹心（2h左右） 腌渍10根黄瓜，需要1.5L水、1/2杯盐。腌至用手弯曲时有弹性且柔韧的程度即可。如果腌渍过久，会产生苦味；腌渍时间过短，又容易烂。标准分量的水中加入一半盐，用剩下的盐搓每个黄瓜表皮，并依次浸泡到盐水中。浸泡中途上下换位，浸泡2h为最佳。用流水清洗后沥干水分，剪掉前后两端。切记，如果在腌渍之前剪蒂，会丧失美味。以前习惯在黄瓜表面直接抹盐，可这种做法入味不均匀，也容易跑味。最好的做法是调制盐水，彻底浸泡黄瓜。在腌渍黄瓜夹心时，在黄瓜上面浇满煮沸的盐水，这种浸泡法不但可以提升黄瓜的脆感，而且黄瓜即使长期存放也不会烂。

抹盐

盐水浸泡

去蒂

纵向划三刀

还阳参

冬储还阳参（12h左右） 野生还阳参和人工栽培的还阳参，味道和腌渍方法都不相同。野生还阳参需用盐水浸泡5~6天排除苦味，并且每天换水一次，充分排掉带苦味的黑水之后，才能腌渍泡菜。相反，人工栽培的还阳参，在盐水中只浸泡12h即可。切记，如果浸泡时间过长，味会变淡，并遗失苦味。3捆还阳参（1.2kg）浸泡过后的最终重量为1kg。还阳参根部带沙泥，需用刀清理干净后清洗、浸泡。腌渍3捆还阳参，用5杯水化开1/2杯盐，为了还阳参完全泡入盐水中，上面可压石头。浸泡12h后，用水清洗多次，然后捞出。还阳参本身水分不多，腌渍过程中水分再次流失，所以要注意还阳参的过度失水，并在腌渍泡菜时，用糯米糊或海带汤调节浓度。

清理茎部

盐水浸泡

泡出苦水

捞出沥水

短桶形白萝卜

冬储短桶形白萝卜（4h左右） 1捆短桶形白萝卜重约1.5kg，腌渍后重量在1.2kg左右。冬储泡菜用短桶形白萝卜，腌渍4捆，需要4L水、4杯盐。由于夏季天气热，入味快，腌渍时盐量需减少10%。短桶形白萝卜不用刀切，而是整棵腌渍。虽然整棵萝卜入味慢，但是这种腌法不必担心萝卜原味会溶入盐水中。清理萝卜时，用刀轻轻刮除茎部的泥土和脏物，切掉不干净的叶子。之后用刷子刷洗干净，放入盐水中，再捞出沥干水分，之后用刀划开。清洗时最好不要用刀刮掉萝卜皮，这样萝卜会产生伤痕，在腌渍过程中会跑味，只用刷子刷洗就够了。

腌渍方法

以腌5kg短桶形白萝卜为基准（短桶形白萝卜4捆/水4L/盐4杯）

（1）用刀轻轻剜出短桶形白萝卜的茎部脏物，整理叶子后清洗一次。切掉不干净的叶子，用刷子刷过，用流水清洗。

（2）在备用水中化开一半的盐，萝卜竖立在盐水中，水位需浸没萝卜。摆放好萝卜，将剩余盐均匀地撒在萝卜上。切记，撒盐时需避开叶子，如果给叶子撒盐，会过咸。

（3）2h左右后把萝卜放平，整个萝卜浸入盐水中，继续腌渍。这样腌渍的萝卜叶子才不会过咸。腌渍中途翻面一次，以便入味均匀。

（4）再过2h后，用流水清洗两三次，捞出沥干。

萝卜

泡萝卜块和泡萝卜片（2h左右） 每棵萝卜（1kg），需要1/5杯盐。萝卜洗净去皮、切成适当尺寸后撒入盐，用手轻轻抓拌进行腌渍。2h后放入柳编筐里沥水。刀切腌渍的萝卜，如果再次过水，不但味道变淡，还会洗掉萝卜的营养成分。因此，腌萝卜不过水，直接放入柳编筐里沥水。

水泡萝卜（7~8h） 10kg腌萝卜，需要2捆萝卜。清理萝卜的杂毛和茎部，择掉枯萎或折断的茎叶，用流水清洗、沥干。5L水化开5杯盐，把萝卜浸泡到盐水中。傍晚时分浸泡，第二天早晨变柔软之后清洗、沥水（约12h）。在寒冷的冬季，需要浸泡一整天。也可以在盘子或大盆子里铺层盐，萝卜滚满盐之后保留在里面，这时萝卜自身产生水分，并完成入味。用椭圆形白萝卜腌制水泡萝卜时，1捆椭圆形白萝卜的重量约2.4kg，请根据萝卜重量调整水和盐量。椭圆形白萝卜浸泡在盐水中，上面撒层薄盐。

去掉圆边，切片

撒盐入味

清理萝卜

撒盐入味

芥菜

秋季山芥菜（1h左右） 芥菜原本质嫩，一旦浸泡时间过长，水分全无。用盐水浸泡时，只要打蔫，需立即取出清洗，并直接腌制成泡菜。只有这样，才能品尝到真正的泡山芥菜。腌渍4捆芥菜，可得到5kg腌芥菜。需要1.5L水，2.5杯盐。浸泡前择掉发黄的表叶，只需清洗一次并捞出。备用水中化开一半的盐，浸泡捞出来的芥菜。剩余的盐撒在芥菜上面，过30min后翻面一次，继续浸泡30min即可。最后用鳀鱼液酱腌一下，芥菜马上会打蔫，所以，轻腌是盐水浸泡的关键。如果是在韩国海南当地购买芥菜，不妨用海水浸泡。海水的浓度会真正体现出芥菜的原始口味。也有卖海水腌芥菜的实体店。

芜菁

芜菁即食泡菜（1h左右） 芜菁水分少，腌渍时间要短。5kg芜菁，1杯盐足够。挑选表皮鲜紫的江华产芜菁，去除杂毛，用刀剜出茎部脏物之后，用流水清洗、沥干。时令新鲜芜菁带质嫩的内叶，可以切下备用，在手拌时加入。保存在低温储藏室里的芜菁不带有叶子。给切片芜菁撒盐，腌1h左右，用柳编筐捞出、沥水。与普通萝卜不同，芜菁水分并不多，即使腌渍，也不会渗出太多水。由于腌制方片水泡芜菁时强调紫色表皮的色泽，因此，在清理时尽量不用刀，而是精心擦拭。

熟成与保存

泡菜需在低温中长期熟成才够味。基本上，需在4~8℃中熟成20天以上。要想提炼出泡菜的最佳味道，必须经过常温熟成的过程之后，再放进冰箱保存。

熟成

即便用了最好的材料并精心腌制，如果不能顺利熟成，也徒劳无味。同样一个泡菜，口味不同的人会发表不同的评论。一般来说，泡菜在低温中熟成20天左右时，乳酸菌含量最多，味道也最佳。从这个点开始两周之内，泡菜的味道都保持在一个水平线上。也就是说，这两周内可以吃到最好吃的泡菜。等这个时期一过，泡菜的味道就开始发生变化。夏季天热，常温中只熟成半天，就可以将泡菜放入冰柜里储藏食用。糯米糊、水芹和鱼酱，这些调料会让泡菜加速变酸，因此，在夏季腌渍时需减少这些调料。所有泡菜，必须经过常温熟成的过程。因为直接放进泡菜冷柜，由于冷柜的低温，泡菜无法正常入味。夏季还要注意的是，有时会出现泡菜还没有熟成却变酸的情况。含生参或甜椒的泡菜、加苹果或香瓜等水果的泡菜，一旦天热容易烂，因此需轻度腌渍并及时放入泡菜冷柜。还需注意，含海鲜的泡菜、不含辣椒粉的白泡菜也容易变酸。

要想尽快吃到泡菜，可将泡菜置于有阴凉的室外，等到泡菜袋发胀时，放入冰箱保存3~4天，泡菜就会适度熟成。不过，速成泡菜容易变酸，还是低温中长期熟成的泡菜更好吃。

保存

泡菜为首的大部分发酵食品，最佳保存温度为4~8℃。超出这个温度，泡菜会迅速变酸；低于这个温度，泡菜味淡易发苦味。泡菜装盒时，满到4/5即可。因为泡菜在熟成时会发胀，如果装得过满，汤水容易溢出。泡菜装好后，上面覆盖表皮保存，这样不会直接接触空气，熟成时也不会变味。将竹叶洗净晒干后，盖在水泡萝卜上面，就不会产生白色霉菌。覆盖松叶，不但会散发幽幽的松香，也不易发霉。最好吃的冬储泡菜，是用陶器包装埋入地里的。如今住在楼里，想吃地藏泡菜也实属不易。如果埋入地里，开口必须用塑料密封紧实，盖好盖，上面再盖稻草或无纺布，会使泡菜口味加深一层。从泡菜容器里取泡菜时，要注意填补空间，中间的泡菜盒用小盒交替，就能长期维持原味。取出泡菜后，上面需用表皮掖好，不让空气流通，这样才能防止霉菌滋生并保住鲜味。

★泡菜的分类熟成及保存法

不同季节的各种泡菜，自有不同的熟成和保存方法。找出泡菜的鼎盛美味期并不是易事。大概腌渍后20天左右，泡菜的口味达到最高境界，之后味道会逐渐变差。

辣白菜 在室温中放1天左右后，放入冰箱熟成20天左右，就可以吃了。泡菜适量装入保鲜盒里，盒子需留些空间，可以防止熟成时溢出汤汁。腌一次可以吃3个月，如果想要食用时间持久一些，腌制时请不要加糯米糊，因为糯米糊会促进泡菜变酸。水芹会让辣白菜加速变酸，却可让芥菜延长原味期限。因此，最好根据不同季节调节用量。鱼酱的分量也很重要，如果鱼酱含量多，泡菜会迅速变酸。

老泡菜 熟成6个月以上后食用的泡菜称为老泡菜，在腌制时需减少鱼酱分量，且不加糯米糊。还有一个特点是，加入老泡菜中的萝卜需要打磨，而不是切丝。因为老泡菜需经过长期的熟成过程，如果加入切丝萝卜，会散发异味，也容易烂。将泡菜坛子埋入地里熟成6个月左右，味道和营养达到顶峰。如果继续熟成，会导致发酵异常，因此6个月以后，应将泡菜转存到泡菜冷柜中。转移到泡菜冷柜中之后，如果保存恰当，最长可储藏2年左右，食用时味道并不会发生变化。老泡菜一见阳光，颜色会发黑。

海鲜泡菜 必须加入保鲜度最高、最新鲜的海鲜，才能让泡菜没有腥味，口味舒畅。加海鲜腌制泡菜，熟得快酸得也快，因此建议一次腌渍适量。室温中摆放1天后，放入泡菜冷柜熟成2周左右，就可以食用了。过了25天，由于熟成过度，泡菜会有异酸味，最好在这之前吃完。最关键的是少加糯米糊。

泡还阳参 在常温中放1天后，放进泡菜冷柜里熟成1个月左右。还阳参带苦味，即使长期存放，也不易变酸。全罗道地带的人们喜欢吃不经熟成的生拌还阳参，吃的就是它的苦味。

泡萝卜片 泡萝卜块和泡萝卜片，在泡菜冷柜里熟成10天左右就可以食用。加入海鲜的泡萝卜会加速变酸，因此建议少量腌渍。芜菁泡菜容易熟成，味道过酸就失了原味，也建议少量、即席腌渍。须选用结实的萝卜，否则容易烂。

水泡菜 一旦天热，颜色很快发黄。在常温下只放半天后，放进泡菜冷柜里储存。即使再热，也不能省掉常温熟成的过程，如果没有这个过程，泡菜就会无味。水泡菜中可加入小麦粥、面粉粥或糯米糊，汤水会散发幽香。

水泡萝卜 水泡萝卜在11月中旬腌渍、熟成，直到12月开封，吃到1月。为防止产生霉菌，用石头压好，使萝卜一直浸泡在汤水中。夏季腌渍的梅子水泡萝卜，在常温中只存放1天后即放进泡菜冷柜里储藏，过2周后取出食用为宜。

不同泡菜和鱼酱的组合

使用虾酱和棘头梅童鱼酱，泡菜具有干净舒畅的口感；使用鳀鱼酱和带鱼内脏酱，泡菜具有深度浓郁的口感。以此为准，鱼酱的发酵时间越长，味道越清淡。

虾酱(杂虾酱)

5月腌渍的虾酱。口味清淡、舒畅，唯独虾酱。几乎所有泡菜，都或多或少加虾酱来提味。须挑选用恒温土窑烧的坛子发酵至乳白明黄、味香的虾酱，才能提升泡菜的口感。研磨或捣碎使用。

虾酱（肉酱）

6月腌渍的虾酱，饱满、色亮。用于白泡菜或鳞泡菜、石榴泡菜等含萝卜材料的泡菜中，可获得舒爽的鲜味。用于白泡菜时，水中加入虾酱实料煮开，冷却后使用汤水。用手挤虾酱实料，挤出来的虾酱净汤用来调制白泡菜馅料。

棘头梅童鱼酱

用长相接近小黄鱼的棘头梅童鱼腌渍的鱼酱。鱼长12~16cm。当鱼酱呈金色，散发幽香时，腌的程度刚好。最近难求味美的棘头梅童鱼酱，使用率比从前低了。口味清淡的首尔式整棵辣白菜，用棘头梅童鱼酱汤替代鳀鱼液酱，才能体会真正的口感。细切棘头梅童鱼的实料，可制成醋渍前菜。

青鳞鱼酱

是指将完整的新鲜青鳞鱼叠层放入坛子里，撒入几层盐后熟成的鱼酱。由于不油腻，多用于口感干净、清淡的泡菜。用整只青鳞鱼、青椒、萝卜拌制的青鳞鱼糟青椒，是口味舒爽的青鳞鱼酱原生态泡菜，特别是用筷子撕开一条条青鳞鱼腌肉送入口中，真是别有一番风味。

带鱼内脏酱

指发酵3年陈的带鱼酱。连料打磨或充分捣碎之后使用。令人感到意外的是，带鱼内脏酱并没有腥味，而是散发幽香美味，常用于带鱼泡白菜、泡青蒜茎、鲜辣韭菜等。对于强调浓郁鱼酱味的泡菜，可交替使用鳀鱼实料酱和带鱼内脏酱。泡菜里加汤水时使用鳀鱼实料酱，加入整料时使用带鱼内脏酱。其实，用带鱼内脏酱全部代替鳀鱼液酱，味道也不错。

磷虾酱

指用江华地区产的小虾制成的虾酱。使用带紫色的小虾腌制而成，味道苦涩却具有独特的香味。由于价格昂贵、口味独特，它并不属于常用虾酱。然而，传闻中在宫廷食用过的小坛海鲜泡菜，唯有加了磷虾酱才能做出正统的口味。在入泡菜前，用手挤干磷虾酱，只取汤汁入泡菜。

鳀鱼实料酱

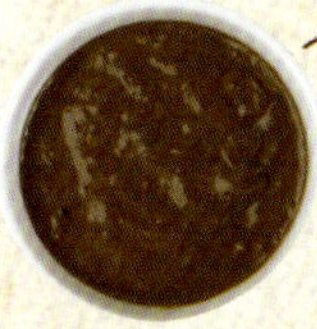

新鲜鳀鱼用盐拌匀，加入坛子中熟成时，浮在上面的汤水正是鳀鱼液酱。所谓鳀鱼实料酱，是倒出汤汁后剩下的鱼渣，它具有幽香的糟味。使用前，软软的实料需要打磨，鳀鱼汤汁需过筛后使用。用绿叶较多的山芥菜、细香葱、青蒜、还阳参、短桶形白萝卜等腌渍的正宗全罗道泡菜，必须加入鳀鱼实料酱，才能体现泡菜的浓香。所有鱼酱，必须在不加热的状态下使用，才能让微生物活跃起来，守住泡菜的味道和营养。

海鞘酱

本酱每年的6~7月，在海鞘的产季进行腌渍。海鞘酱不同于其他鱼酱，不需要用重盐熟成1年以上。海鞘酱主要用在海鞘泡白菜里，所以只用盐腌肉即可。饱满的海鞘肉，用10:4的比例加盐腌渍，存放在冰箱里使用。从海鞘皮中取出来的海鞘汤汁，用来腌渍泡菜，会使泡菜具有独特的香味。

鳀鱼液酱

由鳀鱼用盐腌渍、发酵而成。和虾酱一样用途广泛，具有沁香甜美的味道。挑选鳀鱼液酱时，须选用无腥味、具有淡甜香味的鳀鱼液酱。笔者走遍鳀鱼名产地，最终在庆北甘浦找到了3年熟成的鳀鱼液酱。其汤汁清净无异味，用手指蘸品时，不咸且有甘香味。这种鳀鱼液酱，不禁令人联想到清葡萄酒和精酿五味子茶，澄净而色美。净汤用于泡白菜，捣碎的实料用于泡萝卜块。鳀鱼液酱加入泡芥菜、泡韭菜、海鲜泡大葱、泡还阳参等泡菜里，口味浓厚。4、5月产的鳀鱼最容易熟成，最好在这个时期腌渍鳀鱼。生鳀鱼和盐的比例为10：6。坛中叠放鳀鱼，每层鱼撒一层盐，最后一层用盐彻底掩盖鳀鱼。须真空包装，禁止接触空气。须熟成1年以上。

准备天然材料

人工调料和砂糖为禁物。用海带汤和鳀鱼粉提炼香味，用梨汁、萝卜汁提升甘爽味。
根据不同泡菜，使用的米糊材料各不相同。

海带汤

用海带汤取代化学调料。几乎所有泡菜都加海带汤。海带汤是唤醒甘香味的必备材料。海带汤可用来调节泡菜浓度。研磨干辣椒、鱼酱时加入海带汤，可起到润滑作用。将煮出来的海带净汤加入泡菜里，使泡菜不易变酸，越熟成越能突出浓郁的香味。煮海带汤时要注意，汤水差不多入味时，必须马上取出海带，这是煮汤关键。如果海带一直留在汤里，汤水会变得黏稠而混浊。

糯米糊

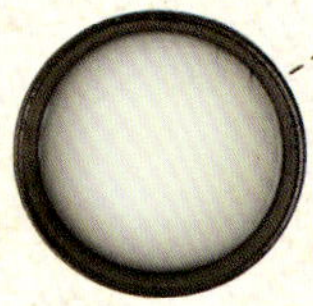

糯米糊适用于所有泡菜，尤其对于辣白菜，糯米糊是必不可少的材料。不同的泡菜，对糯米糊的浓度要求有所不同，比如辣白菜或萝卜块，需要稀糯米糊；而脆腌短桶形白萝卜和海鲜泡萝卜茎叶等，大量加入鱼酱和辣椒粉、重口味腌渍的泡菜，需加入浓稠的糯米糊才好吃。一次性打出糯米粉，存放在冰箱冷冻室里，便于逢需取用。

鳀鱼粉

泡菜里加鳀鱼粉，不但提味，还能补充泡菜没有的营养素。不过，鳀鱼粉会让泡菜显得不够整洁，所以可少量加入。由于含鳀鱼粉的泡菜和一般泡菜之间的味道差距较大，往泡菜里加鳀鱼粉是无法省略的一环。因为打磨机打出来的鳀鱼粉会使汤稠而浊，所以较好的方法是将充分晒干的鳀鱼去掉头和内脏后用手搓成粉。

小麦粥

加小麦粥或者小麦饭的水泡小萝卜，味道最正宗。以前在乡下，由于主食是小麦饭，在厨房最常见的就是小麦饭，大略捣碎后过筛、加入水泡菜中，在小麦发酵的过程中，汤汁会散发麦香味。制作小麦粥时，锅中加满水，用小火煮到小麦粒开花即可。

面糊

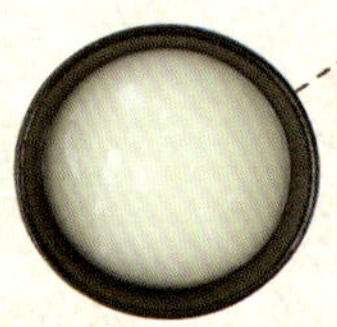

面糊适合泡小萝卜或泡还阳参等味淡、清爽的泡菜。和熬制糯米糊的浓度相同。

豆浆

是制作糯米糊所需的材料。虽然用量很少，却是必不可少的材料。黄豆用水泡涨后，放进打磨机里，加入水或海带汤进行打磨。磨好的豆浆可以存放在冷冻室里，必要时取适量化开使用。

黏米粥

黏米粥最适用于泡青蒜茎和泡大葱，以及加入大量调味料的全罗道泡菜。它非常易于与含带鱼液酱或鳀鱼实料酱的泡菜搭配。

干辣椒

可加入糯米糊和鳀鱼实料酱、带鱼内脏酱等鱼酱中，腌渍浓稠的全罗道式泡菜。在加入辣椒粉的同时，也加入泡水打磨的干辣椒。干辣椒用于全罗道式整棵辣白菜、泡山芥菜、泡细香葱、脆腌短桶形白萝卜等。加了干辣椒的泡菜色靓，更加开胃。

辣椒粉

可准备多种辣椒粉，对应不同泡菜。大部分泡菜使用中粒辣椒粉。用辣椒粉上色，或使用过筛的泡菜汤时，加入细磨辣椒粉。泡发的干辣椒粉加入泡菜中，会提升香味，而红椒粉的色泽鲜亮。辣椒品种不同，辣味也不相同。建议混合使用两种以上的辣椒粉，泡菜口味会更好。辣椒粉不易长期存放，会掉色变味。真空密封后需保存在冷冻室里。

盐

腌制泡菜时，最好使用天日盐。这种盐由盐田引用海水，通过自然风干和日晒蒸发而制成。天日盐中，最好的是在海滩上直接蒸发水分制成的土盐。腌辣白菜时，考虑到腌渍后用水冲洗的过程，使用天日盐；制作调料时使用土盐。本书中两种盐统称“粗粒盐”。

蒜

需在梅雨季之前购买一整年的用量，存放在通风良好的场所。不建议一次性打磨冷冻。只取每次用量剥皮，才能体现蒜特有的辛辣甘甜。白泡菜或水泡菜等汤水泡菜，如果使用捣碎的蒜末，会使汤混浊，所以将蒜末过筛后只取蒜汁使用。还有一个好办法：将蒜切片和生姜一起放进纱布袋里，封口后浸泡在汤水里，泡出蒜味。

生姜

生姜量占大蒜量的1%以下为原则。过量用姜，泡菜会有苦味。含海鲜的泡菜，可以多加些，以此去掉腥味。和蒜一样，如果加入汤水泡菜里，过筛后只取姜汁使用，或切片后封进纱布袋里浸泡使用。

辣椒籽

辣椒籽，是只限于全罗道泡菜的独特材料。用于老泡菜和泡山芥菜、泡细香葱、泡还阳参等浓稠的泡菜中。因辣椒籽具有辣椒粉没有的净辣味，不使用辣椒粉的白泡菜，一旦加入辣椒籽，不但保住了原色，还增添了一丝辣味。在秋季打磨冬储泡菜用辣椒时，分开收集辣椒籽，放入冰箱冷藏使用。

梨

是砂糖和人工甜味剂的替代品，调制泡菜甜味时的必选材料。需选用个大水分多的梨，才会多汁味甜。梨是一整年不可少的泡菜材料，最好在家中常备。去皮去核后，用刨丝钢板刨丝。考虑到汤水会混浊，用纱布包好，用手挤干，只取梨汁用于泡菜。腌渍水泡菜时，把洗净、去核的梨切成4等份，连皮加入泡菜中，使梨自然泡出甜味。

银杏

银杏干炒去皮后，是可整粒加入泡菜的作料。要想一次大量剥皮时，将银杏放入热水中，一手握住10根左右的木筷子，迅速在水中搅动银杏，促使银杏去皮。主要用于包泡菜或海鲜包泡菜。银杏泡烂后没有味道，因此需长期熟成后食用的泡菜，不建议放银杏。

红枣

红枣可提升泡菜甜味，加深红色。水泡菜里加入整颗红枣，保持汤水的洁净。用刀剜出核，切成方形放进包泡菜里，也可切成细丝放进泡萝卜中进行装饰。放进水泡菜里的整粒红枣，吸满了汤味，不宜食用。

松子

放入海鲜包泡菜和包泡菜里，是散发香味、装饰外观的作料。砧板上铺层吸油纸，捣碎、去油后，放入浅渍菜里，会散发香味。存放时间过长容易变酸，需少量购买。用剩的松子，用容器密封后放入冰箱保存。

白芝麻

是拌制配料时最后阶段加入的调料。需长期熟成的泡菜不加白芝麻。白芝麻只用于即食泡菜或浅渍菜，能提升口感和装饰外观。芝麻粉影响美观，必须使用完整的芝麻粒。白芝麻倒进水里，等杂质下沉后，用笊篱捞出，干炒后放入密封容器里保存。

辣椒丝

放进不含辣椒粉的白泡菜等泡菜中，能衬托出红色。辣椒丝可能带灰，用湿抹布轻抹之后使用。辣椒丝要装在密封容器里冷冻保存，以免发黑。

黑芝麻

单调的红泡菜里加少许黑芝麻，一瞬间泡菜变得十分高贵。黑芝麻也是石耳的替补，在没有石耳时，用黑芝麻替代，可轻松缀色。拌制配料，或放进泡萝卜中，使泡菜看上去更加美味。

石耳

放入白泡菜或鳞泡菜里，可展现泡菜的华丽色彩。用温水泡开，擦掉泥土等异物后，切细使用。石耳过多会显得杂乱，建议少放。

刺松藻(刺海松)

刺松藻干泡发后，清洗并挤干水分，切成适当尺寸，放入冬储泡菜里，体现舒爽的口感。由于刺松藻香味独特，易发腥味，建议少放。

制作天然调料

制作海带汤（2杯）

材料：海带1片（5cm×5cm），水2杯

① 用湿毛巾擦拭海带片，擦掉白粉和脏物。② 备用水中加入海带片，加热，煮沸时熄火。③ 经20min左右，等海带汤入味之后，捞出海带，汤放凉。

制作鳀鱼粉

① 挑选充分晒干的中等大小的鳀鱼，去掉内脏和头。选用佐餐用鳀鱼比汤用鳀鱼味更好。② 在通风处铺好宣纸，上面铺好鳀鱼，晒透一两天。③ 等鳀鱼晒到适度时，戴上一次性手套，用手搓成鳀鱼粉。

制作糯米糊（2杯）

材料：糯米粉2大匙，豆浆1大匙，水3杯

① 1杯水中加入糯米粉调开。② 泡开的黄豆放进打磨机里，加入少许海带汤打磨，制成豆浆。③ 2杯水煮沸，加入化开的糯米粉和豆浆，煮成糯米糊。用汤匙盛起，糯米糊迅速滑落时熄火放凉。

制作黏米粥（2杯）

材料：黏米2大匙，水3杯

① 2大匙黏米用水清洗之后，浸泡1h左右。② 锅中倒入3杯水，加入泡发的黏米。③ 大火开煮，沸腾后调小火，煮至黏米充分熟烂、黏稠时熄火，放凉。

制作小麦粥（2杯）

材料：小麦2大匙，水3杯

① 2大匙小麦用水清洗之后，浸泡2h左右。② 锅中倒入3杯水，加入小麦，煮沸后调小火，煮至小麦充分熟烂时熄火放凉。③ 放进打磨机中，打成浓稠状。

打磨干辣椒

① 挑选晒好的优质干辣椒，先用湿毛巾擦拭灰尘之后，剪掉蒂，用剪刀剪为3等份。② 抖出辣椒籽，用水清洗之后捞出来静置20min左右，自然会泡发。③ 打磨机中加入泡发的辣椒，如果太干燥不好打磨时，加入水或少许海带汤。夏季可用红椒替代干辣椒。

用海鲜提味

只要添加了精选的时令海鲜，对于泡菜味的担忧自然会消失得一干二净。在海鲜熟成的过程中产生的蛋白质分解作用下，有利于身体的无机质、维生素、乳酸菌倍增，可成功制作出营养加倍丰富的泡菜。

孔鳐

11~12月出产的孔鳐的肉富有弹力，加入泡菜中，会产生筋道的嚼劲。用于泡菜的必须是新鲜孔鳐，而不是发酵孔鳐。沿着孔鳐的“翅膀”线条深入刀，剜出肉多的部分。用刀在皮与肉之间划开，慢慢剥掉皮。切成适口尺寸后，撒盐轻腌。等肉入味、出水后，挤掉水分，把肉放入泡菜中。有人采用较长的熟成时间，这会使孔鳐变味。事实上，孔鳐熟成之后会产生酸熟的美味。

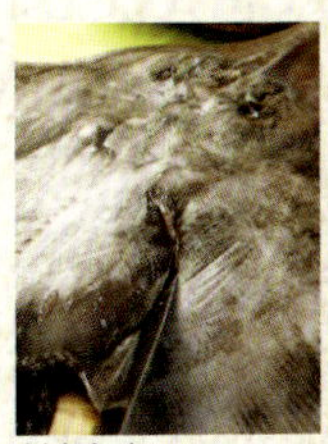
剜出鱼肉

剥皮

以适口尺寸切片

用盐腌渍

海鞘

6~7月是海鞘肉最饱满的季节，这时的海鞘泡白菜口味最地道。腌渍后直接食用也好，熟成20天左右后食用，海鞘独特的香味依然新鲜。在清理海鞘时，很重要的一点是，不要丢弃积攒在海鞘皮里的海鞘汁，可利用它加强香味。海鞘肉用盐腌渍后储藏在冷冻室里，可享用一整年。用流水清洗海鞘，再用剪刀剪开头部，用容器接住海鞘汁。取出海鞘肉，切掉黑色的内脏部分，再切成适口尺寸，用盐腌渍后使用。

接海鞘汁

切除内脏

切成适口尺寸

用盐腌渍

鲍鱼

4~5月的鲍鱼内脏有毒，需避开这个时节。2月和7~8月的鲍鱼最好吃。鲍鱼使用前要去除内脏。腌渍鲍鱼肉可加入辣白菜，也可用它腌渍海鲜泡菜，口感舒畅，嚼劲十足，味道一流。从鲍鱼壳中取出肉，去掉内脏，切成适口尺寸，用盐腌渍后使用。

取鲍鱼肉

撒盐清洗

切成适口尺寸

清洗外壳

海螺

肉质筋道的海螺，切成薄片后，可腌渍泡菜。不要丢弃海螺壳，洗净后晒干收藏。在招待客人时，用海螺壳装泡菜，即成为宴客桌上的一流菜品。把海螺放进沸水中焯一下，再取出海螺肉，切掉内脏，切成适口尺寸，放入泡菜里。

开水焯一下

取海螺肉

切成适口尺寸

清洗海螺壳

胡瓜鱼（多春鱼）

野生胡瓜鱼加入泡菜中，会具有舒爽、甘甜的口感。冬季使用新鲜胡瓜鱼，其他季节使用冷冻胡瓜鱼。冷冻之前需磨成肉糜，分袋少量包装。

鲽鱼

制作鲽鱼食醢（小鱼切块，用盐、萝卜丝、小米饭、面粉混合拌制，经发酵而成）时，需选用比手掌略小的鲽鱼，食用时才不至于被鱼刺卡喉。鲽鱼刮鳞、去掉内脏之后，用盐轻腌，放在阴凉处晾干。使用阴处晾干的鲽鱼才有嚼劲。

墨鱼

到了9~10月的墨鱼产季，泡菜中加入新鲜墨鱼，其爽口、清淡的味道特别惹孩子们喜爱。泡菜里放新鲜墨鱼时，可以不去皮。将墨鱼开肚、去内脏，用流水清洗后沥干水分。撒盐腌渍后即可。

划开取内脏

用流水清洗

切成手指大小

撒盐腌渍

虾

9~10月为明虾产季，采用新鲜明虾腌渍泡菜，口感又甜又爽口。粉红虾也是泡菜的常用材料。冬储泡菜季节，加入捣碎的新鲜小虾。虾用水清洗后，去掉头尾，剥皮，去掉内脏，切成适当尺寸后，用打磨机打磨。如果过干，可加入少许海带汤。

去掉头尾

去掉内脏

切成适当尺寸

打磨机打磨

带鱼

使用个头适中的济州产银带鱼，连鱼骨都可以使用。抓一把粗糙的南瓜叶，用叶背搓掉鳞，这样不会留下刮痕。带鱼去掉头、鳍、尾以及内脏，切成手指粗细。切下来的头、鳍和尾巴煮成汤。这种肉汤加入泡菜中，具有鲜香的风味。

刮鳞

去内脏

用盐腌渍

煮肉汤

章鱼

加入辣白菜或海鲜包泡菜中，凸显舒爽口感的材料。不建议挑选太大的，最好选用个头适中的章鱼。用盐揉搓去除黏液，再切成适当尺寸使用。

叉牙指鱼（鱩鱼）

10月至11月初旬为叉牙指鱼的产季，适合赶早食用的冬储泡菜。叉牙指鱼口感清淡、不油腻，促使泡菜味道鲜美。叉牙指鱼去掉头尾和内脏之后放进泡菜中。

鳕鱼

冬储泡菜季节量产的鳕鱼，常用于辣白菜，具有清淡、清爽的口感。由于鱼骨坚硬，将鱼切成两半，剔除鱼骨后，只取鱼肉使用。从鱼鳃入刀，划开肚皮，去掉内脏，切成适口尺寸。使用的鳕鱼个头越大，泡菜味道越好。

去掉鱼鳍

刮鳞

去内脏

切成适口尺寸

小章鱼

个头大的章鱼肉质过硬，需选用小章鱼才有嚼劲。也可以使用中等大小的太平洋巨型章鱼。主要使用腌好的章鱼爪子。用于整棵辣白菜或者海鲜包泡菜中，提升舒爽口感。

牡蛎

冬储泡菜季节，选用野生小牡蛎，味道很好。比如包泡菜等即席食用的泡菜，加入牡蛎，可以提升甜味。挑出外壳，用淡盐水甩洗之后，去掉水分，放进配料里拌制。

一棵

凉拌菜和浅渍菜

这是用当季新鲜蔬菜和野菜即时拌制的泡菜。无须大量腌渍，即兴拌制，轻松上桌，立马找回走失的胃口。整个夏季提供包菜服务的莴苣，在季末摇身变成一盘浅渍莴苣；用水脆的青椒和芳香的嫩萝卜，拌出浅绿色凉菜，面对一桌质朴的饭菜，山珍海味大可不屑一顾。不用复杂的调料公式，照样好吃，没有绚丽夺目的食材，也不必惊慌。凉拌菜和浅渍菜，只用淡淡的鳀鱼液酱或清酱调味，撒入芝麻粒和松子粉提香，足够。

全罗道式浅渍白菜

加入幽香的鳀鱼实料酱，口味浓郁的浅渍菜

准备 黄心白菜1棵（500g），梨1/2个，细香葱5根，干辣椒2个

腌白菜：水1L，粗粒盐1/4杯

配料：辣椒粉1大匙，糯米糊1大匙，海带汤1大匙，蒜末1大匙，姜末、鳀鱼粉各少许

酱：鳀鱼液酱1小匙，鳀鱼实料酱1小匙，虾酱汤1大匙，盐少许

收尾配料：白芝麻粒、松子粉各少许

1

4

5–1

5–2

6

制作方法

1 腌白菜：黄心白菜切断茎部，将叶子一片片摘下，用流水清洗一遍。备用水中加盐化开，浸泡白菜。也可以把白菜切为4等份腌渍。为保留白菜的脆感，轻腌30~40min后，用流水洗两遍后沥水。

2 撕白菜：因刀切白菜既无味又无样，按适口尺寸用手一片片撕开。

3 梨和细香葱：梨去皮去核之后，切成丝。细香葱洗净，按白菜长度切断。

4 打磨干辣椒：剪掉辣椒蒂，用剪刀剪成3等份之后，抖出辣椒籽，用水清洗后静置20min，以便辣椒泡发。打磨机里加少许水，加入泡发的辣椒打磨。

5 制作配料：备用配料里加入打磨的辣椒和酱，混合好后静置10min左右，以便辣椒粉泡开。（制作糯米糊和海带汤的方法，参照28页。）

6 拌制：收拾好的白菜里加入梨丝、细香葱，加入腌制好的配料进行拌制。最后加入白芝麻粒。装盘后撒入松子粉。

小提示 有些人在腌浅渍白菜时，将白菜叶一张张竖着拿在手上，纵刀切开。事实上，在腌渍前接触过刀刃的白菜，经过腌渍，无法体现出真正的味道，外观也不诱人。即便是浅渍白菜，最好的办法仍然是将整棵白菜腌渍之后，在食用之前用手撕开叶片，再用手拌制。只有这样，才能体现白菜原始的香气，营养成分也不易流失，可以算得上是一石二鸟了。浅渍菜不宜预先拌制成品，过段时间再食用。如果这样，白菜早已打蔫，外观和味道都会大打折扣。最好是预先备好配料和腌白菜，在食用时当即适量拌制。剩余的材料各自保存好，可以保留两天左右。

浅渍奶白菜

轻腌的奶白菜，脆口的浅渍菜

准备

奶白菜500g，梨1/2个，细香葱5棵，干辣椒2个

腌白菜：水1L，粗粒盐1/4杯

配料：辣椒粉1大匙，糯米糊、海带汤各1大匙，蒜末1大匙，姜末、鳀鱼粉少许

酱：鳀鱼液酱1大匙，虾酱汤1大匙

收尾配料：白芝麻粒少许，香油1大匙

制作方法

1 腌奶白菜：奶白菜切掉根茎，叶子一片片摘下，用流水清洗一遍。备用水中化开盐，完全浸泡奶白菜。只腌20min后，用流水清洗两遍、沥水。

2 手撕奶白菜：刀切的不好吃，奶白菜用手一片片撕开。

3 切梨和细香葱：梨去皮剜出核，切丝时避免过细。细香葱按奶白菜长度切断。

4 打磨干辣椒：剪掉辣椒蒂，用剪刀剪成3等份之后，抖出辣椒籽，用水清洗后，静置20min以便辣椒泡发。打磨机里加少许水，加入泡发的辣椒打磨。

5 制作配料：备用配料里加入打磨的辣椒和酱，混合好后静置10min左右，以便辣椒粉涨发。（制作糯米糊和海带汤的做法，参照28页。）

6 拌制：收拾好的奶白菜里加入梨丝、细香葱，用预先腌制好的配料进行拌制。最后加芝麻粒、香油拌匀。

小提示

奶白菜的腌渍时间要比白菜短，需要迅速清洗和捞出，才能保证脆爽的口感。由于浅渍奶白菜属于非熟成泡菜，没有乳酸菌，辣椒粉和蒜等配料也不能发酵，可能会给肠胃带来刺激，所以加入松子粉或香油、芝麻粒等配料，不但提升味道和营养，还能保护肠胃，多吃也不怕。

牡蛎拌萝卜条

鲜香牡蛎，让味蕾沉醉的即席菜肴

准备

萝卜（小）1棵，牡蛎200g，细香葱30g，水芹30g，梨1/2个

腌萝卜：粗粒盐1大匙

配料：辣椒粉1/4杯，糯米糊1大匙

酱：虾酱1/4杯，鳀鱼液酱1大匙

腌萝卜中产生的水分，会让味道变淡，所以拌制前必须用手挤干水分。

制作方法

1 清洗萝卜、切条：萝卜用刷子刷洗之后，用刀去掉根茎部位的脏物，切成粗条。萝卜条加盐拌匀，腌1h后用筛子捞出、沥水。沥水后再用手挤干剩余水分，撒入少许辣椒粉，给萝卜上色。

2 清理牡蛎：去掉牡蛎壳，用淡盐水甩洗牡蛎肉，捞出沥水。

3 切细香葱、水芹：摘除杂乱的表叶，用流水清洗后，以3~4cm的长度切段。

4 切梨丝：梨去皮去核，切成丝。

5 制作配料：混合所有的备用材料，制作配料。加入鳀鱼液酱和捣碎的虾酱，静置10min，使辣椒粉涨发。（制作糯米糊的方法，参照28页。）

6 拌制：萝卜条里加入配料进行拌制，最后加入牡蛎拌匀。

小提示

牡蛎拌萝卜条，属于即席凉拌菜，拌制后直接食用，梨丝和牡蛎特有的香气相辅相成，气味芳香、口味甘甜，非常好吃。未经熟成直接食用也美味，而经过轻熟过程散发酸甜味的牡蛎拌萝卜条，放在热腾腾的米饭上，再放入嘴里，又是另一种独特的味觉享受。在牡蛎拌萝卜条上面浇淋香油，用它拌饭，也非常好吃。

浅渍山蒜苹果

爽口的山蒜和酸甜的苹果，香味和谐，鲜如野菜般的浅渍菜

准备 山蒜400g，苹果1个

配料：辣椒粉1.5大匙，糯米糊1大匙，海带汤1大匙，蒜末1大匙，姜汁少许，鳀鱼粉少许

鱼酱：沙钻鱼液酱

山蒜叶影响美观，也降低口味，因此摘下的山蒜叶子，可用于酱汤，也可以用各种配料和酱油制成山蒜酱，用它拌饭吃吃看吧。

制作方法

1　**清理山蒜：**选用浓香野山蒜，去掉根部一层皮，用流水把泥土彻底洗净，以免食用时嚼到泥沙。

2　**清洗苹果、切丝：**苹果中，香浓肉紧、色红酸甜的红玉最适用。切成4瓣，去皮去核，分别切成片。

3　**制作配料：**混合所有备用材料，加入沙钻鱼液酱，静置10min，使辣椒粉入味。（制作糯米糊和海带汤的方法，参照28页。）

4　**拌制：**苹果和山蒜里加入备好的配料，用轻轻混合的手法拌匀。

小提示　满栽春意——山蒜

山蒜的香气，来自根部白须处，绿叶香味不大。在平时使用人工栽培的山蒜，而在早春季节，用野生山蒜拌过菜的朋友就会知道，人工栽培的山蒜和野生山蒜的香味，档次是不能相提并论的。另外，为了防止苹果氧化，要用盐水、糖水浸泡苹果。要说不破坏营养成分的美味吃法，是配料预先备好，在食用前切入新鲜苹果。只有这样，才能品尝出浓郁的酸甜味。

浅渍莴苣

加入3年陈清酱，口感洁净的浅渍菜

准备 莴苣400g，细香葱2根，梨1/8个

配料：清酱1/2大匙，辣椒粉1大匙，蒜末1/2大匙，海带汤3大匙

鱼酱：鳀鱼液酱1/2大匙

收尾配料：白芝麻粒少许

浅渍莴苣时，与青莴苣相比，红莴苣或结球莴苣更适合。它们不仅有浓郁的苦涩味，叶片的质嫩、皱缩的模样能充分吸收配料，味道更加丰富。

制作方法

1 **清理莴苣：**选用带苦涩味的红莴苣，叶子一片片摘下，用流水甩洗叶片、冲掉泥巴，洗净后沥水。如果是自家栽培的莴苣，在平时采食叶子后最终留在茎端的莴苣，整棵切下来使用即可。

2 **切细香葱：**去掉杂乱表皮，清洗沥干，切末。

3 **制作配料：**混合所有备用材料，制作凉拌配料。用刨丝钢板刨梨，用纱布挤出梨汁加入，并加入鳀鱼液酱。静置10min，使辣椒粉涨发。（制作海带汤的方法，参照28页。）

4 **拌制：**莴苣里加入备好的配料，轻轻拌匀，最后撒入芝麻粒。

小提示　想要凸显莴苣清香、清淡的口感，加少许鱼酱，用清酱拌制最好。清酱使用传统朝鲜酱油，腌渍3年，以色泽清净而不浓重为特色。酱香虽不浓，却具有自然的甘味，调制浅渍菜十分可口。不能用其他汤用酱油替代清酱，这种做法只会招来异味。在没有清酱的情况下，不如只用鳀鱼液酱调味。如果喜欢肉菜配沙拉的形式，也可以用优质酿造酱油代替清酱。

浅渍芫荽

用甜蜜的梨丝、香香的松子粉冲淡芫荽的浓烈香气

准备 芫荽400g，细香葱2根，梨1/2个

配料：辣椒粉1大匙，糯米糊1大匙，海带汤3大匙，蒜末1小匙

鱼酱：鳀鱼液酱1大匙

收尾配料：白芝麻粒、松子粉各少许

制作方法

1 **清理芫荽：**芫荽只取嫩茎和叶，洗净后切成适口尺寸。红而粗的茎口感过硬，不采用。

2 **切细香葱：**摘掉细香葱的杂乱表皮，用流水清洗，沥水后切末。

3 **切梨丝：**梨去皮去核之后，以适当尺寸切成丝。

4 **制作配料：**加入所有的备用材料，制作浅渍配料。加入鳀鱼液酱充分混合之后，静置10min，使辣椒粉涨发。（制作糯米糊和海带汤的方法，参照28页。）

5 **拌制：**芫荽、梨丝和细香葱加入配料中，轻轻拌匀。撒入白芝麻粒和松子粉。

小提示 越吃越开胃的芫荽

芫荽又称香菜，是一种山药草，具有健胃、消胀、去痰的功效。不过，其强烈刺激的香味，使有些人难以入口。加入梨丝可以中和香菜的气味，味道缓和许多。也可以加入松子粉，缓和芫荽的浓香，提升菜肴的芳香。夏季没胃口时，凉拌芫荽有助于开胃，这是因为芫荽具有突出的去火作用。禁食五辛菜的僧侣和东南亚地区的人常食芫荽，也是这个原因。

浅渍茼蒿

芳香的浅渍菜，仲夏的即席拌饭和生菜包的最佳搭档

准备 茼蒿400g

配料：辣椒粉1大匙，清酱1大匙，蒜末1小匙

收尾配料：白芝麻粒少许，香油少许

小麦饭拌浅渍茼蒿，口感舒畅，满口留香。生菜叶片上辛辣的辣椒酱，包入浅渍茼蒿和肉片，非常可口。只在即席食用时使用香油。

制作方法

1 清理茼蒿：切断茼蒿茎，只取嫩叶，用流水清洗、沥水。

2 制作配料：混合备用材料制作配料，静置10min使辣椒粉入味。

3 拌制：茼蒿中加入配料，用手抓拌。最后加入白芝麻粒和香油。

小提示

芳香的营养宝贝——茼蒿

气味不浓烈、芳香清新的茼蒿，是营养丰富、人见人爱的补品级蔬菜。自古以来，茼蒿是公认的暖胃健脾蔬菜。腹胀、不消化时，饮用新鲜茼蒿汁，倍感舒适。茼蒿富含钙、维生素A、维生素C和B族维生素，还有丰富的叶绿素，坚持食用生鲜茼蒿，对身体很有帮助。轻轻焯一下，用醋酱蘸食，或凉拌食用，都很开胃。茼蒿煮软后用香油、芝麻盐拌制，可突出茼蒿的香气，非常美味。

浅渍野生水芹

用鲜嫩的野生水芹，拌制芬芳浅渍菜

准备 野生水芹400g，细香葱2根，梨1/2个

配料：辣椒粉1大匙，蒜末1/2大匙，海带汤3大匙，鳀鱼粉、烤盐各少许

鱼酱：鳀鱼液酱1小匙

收尾配料：白芝麻粒少许

水芹气味芳香，只加少许液体鱼酱和烤盐，就能拌制出清淡的口味。香油和糯米糊，只会让菜味变重，建议不要加。

制作方法

1 **清理水芹：**水芹着重清理根部。从根部往上8cm左右的部位会混杂泥土和脏物，需要仔细清理。清洗、沥水后切成适口尺寸。

2 **切细香葱：**摘掉打蔫的表叶，用流水洗净、沥水后切成适口尺寸。

3 **榨梨汁：**梨去皮去核，用刨丝钢板刨丝，用纱布包好挤出梨汁。

4 **制作配料：**用备用材料制作配料。加入梨汁后静置10min，使辣椒粉涨发。（制作海带汤的方法，参照28页。）

5 **拌制：**配料倒入水芹中，轻柔拌匀。用盐调味，撒白芝麻粒。

小提示　水芹，香味、营养两吃

3~4月的水芹，是味道最好的春季野菜。溪涧周边的人工栽培水芹很干净，不必打理。而野生水芹多生长在水多的水芹沟里，沾满泥土和脏物。以前由于蚂蟥太多，野生水芹需用水浸泡，引出蚂蟥。如今人工栽培的水芹比较干净，不需要特别打理。用普通水芹做菜时，需要摘掉大部分叶子后使用。用鲜嫩的野生水芹制作渍菜时，保留叶子，只把根部清洗干净即可。中医指出，水芹可以醒脑、净化血液，建议多吃。由于水芹富含植物纤维，可促进肠胃蠕动，便秘时食用水芹，效果明显。

浅渍短果茴芹

用香油、芝麻粒、松子粉提香的浅渍菜

准备 短果茴芹400g，细香葱2根，梨1/2个

配料：辣椒粉1大匙，海带汤3大匙，糯米糊1大匙，蒜末1小匙

鱼酱：鳀鱼液酱1大匙

收尾配料：白芝麻粒、香油、松子粉各少许

短果茴芹主要食用叶子。选用质嫩的短果茴芹，省略了摘老叶的程序，留下全部叶子供食用。

制作方法

1 **清理短果茴芹**：发硬的茎留作凉拌，只取上面的嫩茎与叶子，用流水清洗后沥水。

2 **切细香葱**：细香葱用流水洗净后切成末。

3 **榨梨汁**：梨去皮去核，用刨丝钢板刨丝，用纱布包好榨汁。

4 **制作配料**：备用材料中加入细香葱、梨汁、鳀鱼液酱制成配料。（制作糯米糊和海带汤的方法，参照28页。）

5 **拌制**：短果茴芹里加入配料，轻柔拌匀。加入香油和白芝麻粒，再次拌匀之后，撒入松子粉。

小提示 越嚼越香——清香的短果茴芹

短果茴芹是主要食用嫩叶的野菜。一到春季，德沼峰屋里村庄近处的野山上，随处可见自生的山野菜和短果茴芹。采用它的嫩叶制作浅渍菜。短果茴芹长到发硬时，茎部用水焯一下，可以制成凉拌菜，嫩叶用来制作浅渍菜。在野菜中，短果茴芹的味最香、最好吃，因此得名叫“香野菜”。稍加香油泛润的浅渍香野菜，通常是米饭的伴侣，而放在烤肉片上食用，也相当好吃。

浅渍菊苣

用梅子汁、糙米醋拌制的酸甜浅渍菜

准备 菊苣400g，细香葱2根，梨1/2个

配料：清酱1/2大匙，辣椒粉1大匙，蒜末1/2大匙，海带汤3大匙，梅子汁1大匙，糙米醋1大匙

鱼酱：鳀鱼液酱1/2大匙

收尾配料：白芝麻粒少许

浅渍用菊苣，需采用绿菊苣中叶片短、茎坚挺的新鲜菊苣。

制作方法

1　清洗菊苣：叶厚、新鲜的菊苣，用流水清洗掉根茎部位的泥沙，洗净后沥水。

2　切细香葱：细香葱用流水清洗，捞出沥水后切成末。

3　制作梨汁：梨去皮去核，用刨丝钢板刨丝，用纱布包好挤汁。

4　制作配料：备用材料里加入梨汁和鳀鱼液酱，静置10min，使辣椒粉涨发。用梅子汁调节浓度。（制作海带汤的方法，参照28页。）

5　拌制：菊苣里加入配料轻轻拌匀，最后撒白芝麻粒。

小提示　嚼劲十足——菊苣

具有苦涩味的菊苣，在助消化、净化血液方面效果显著。新鲜菊苣常用于包饭。用酱油和醋制作的中式沙拉，也常见菊苣的身影。菊苣的口感十分清淡，是真正衬托调料味的蔬菜。菊苣看上去很坚硬结实，事实上它属于菊科，口感清淡，味道并不强烈。用梅子汁、糙米醋拌制出酸甜味的菊苣，令人胃口大开。少加辣椒粉，孩子们也可以吃。

泡山蒜

用鳀鱼液酱和带鱼内脏酱泡出重口味

准备 山蒜1kg

配料：辣椒粉3大匙，海带汤1大匙，糯米糊2大匙

鱼酱：鳀鱼液酱1大匙，带鱼内脏酱1大匙

泡山蒜直接使用山蒜绿叶，混合加入鳀鱼液酱和带鱼内脏酱，口感浓郁、味香。看上去量很多，一旦加入糯米糊，泡菜就会彻底收缩，所以1kg山蒜不算多。不经打理随手拌制后放入泡菜盒子里的山蒜，会相互缠绕在一起，食用时很不方便。所以在保存前预先分组摆放，将一顿分量的山蒜用叶子捆绑好，每顿只取一组食用即可。

制作方法

1 **清理山蒜：**清理时摘掉打蔫的叶子，去掉根部一层表皮。用流水仔细冲洗，以免在食用时嚼到未洗掉的泥沙。洗净后沥水。

2 **制作配料：**备用材料混合好，制成配料。加入鱼酱，静置10min，使辣椒粉入味。（制作糯米糊和海带汤的方法，参照28页。）

小提示 拌饭佳侣——山蒜酱

最能体现山蒜香味的菜肴，山蒜酱算一个。带着丝丝辣味的山蒜酱，用来拌米饭、豆芽饭、萝卜干饭，非常好吃。400g左右的山蒜，经清理、洗净后，放进煮成海带汤的酱油里拌制即可。这里最关键的一点，是调制出好吃的酱油。1/2杯酱油，加入1大匙料酒，煮沸后加入切细的海带，煮成海带汤。山蒜切丁，放入酱油中，青辣椒和红椒各切1个，切碎混合即可。最后加入少许香油和白芝麻粒，制成香辣、美味的山蒜酱。山蒜酱可以找回遗失的胃口，如果喜欢辣味，切入青阳辣椒（韩国辣椒品种中最辣的之一）或干辣椒也可以。

盐渍黄瓜

只需黄瓜和盐、水，轻松做出一流的清淡口味

准备 黄瓜100个，水15L，盐5杯

腌50个黄瓜时，需水8L，盐1/4杯。请根据黄瓜的大小，酌情加减水和盐量。

制作方法

1 清理黄瓜：用盐搓黄瓜，搓掉黄瓜刺之间的脏物，用水清洗后捞到箩筐里沥水。往坛子里叠放备用黄瓜。

2 煮盐水：大锅里加入水，水开时加盐。盐充分化开，煮沸的盐水浇入坛子里。

3 压黄瓜：为了使盐水完全浸泡坛子里的黄瓜，将消过毒的干净石头压在黄瓜上面。

4 盖盖子：过5h，等坛子里的热气完全冷却后，盖上盖子。

5 熟成：过2~3天，长出白色霉菌时，取出来放进泡菜容器里。最后放进泡菜冷柜里储藏，可随时取出食用。

脆香五彩椒

"咔嚓咔嚓"，连声音都勾人食欲的即席泡菜

准备 五彩椒500g

馅料：萝卜200g，韭菜100g，梨1/2个，栗子2个，红椒2个

配料：糯米糊2大匙，蒜末2大匙，姜末2小匙，盐少许

酱：鳀鱼液酱2大匙，虾酱汁2小匙

使用黄色、朱黄色、红色小甜椒，不仅色彩美观艳丽，口感也倍加清爽。

制作方法

1 **清理五彩椒：**五彩椒洗净，沥水，剪蒂后切半，去籽。

2 **切萝卜、栗子、梨、韭菜：**萝卜以3cm的长度切丝，加盐腌一下，过筛沥水。栗子、梨均匀切丝，韭菜以2cm的长度切段。

3 **制作馅料：**腌好的萝卜用手挤干水分，加入其他备好的材料和韭菜、糯米糊，用鳀鱼液酱和虾酱汁调味，制成馅料。（制作糯米糊的方法，参照28页。）

4 **加馅：**去籽的辣椒肉里填馅收尾。同沙拉一样，做好直接食用即可。

紫苏叶酱油泡菜

越熟成口感越浓郁的爽口佐餐泡菜

准备 紫苏叶500g，细香葱30g

海带鳀鱼汤：水1L，10cm×10cm海带1片，鳀鱼2大匙

馅料：蒜50g，生姜20g，栗子50g，红椒2个

配料：朝鲜酱油（传统酱油）1.5杯，糯米糊1/4杯，蜂蜜2小匙，辣椒丝少许，黑芝麻少许

制作方法

1 **清理紫苏叶**：紫苏叶1捆为30张，清洗时不要松绑，直接对着流水一张张翻洗，洗净后捞到沥水盆里解开，沥水。

2 **煮海带鳀鱼汤**：用干抹布擦拭海带，鳀鱼去掉头和内脏。备用水中直接加入海带和鳀鱼，加热至煮沸时熄火、放凉。水开后熄火，过20min取出海带和鳀鱼，留汤在锅中冷却。如果有边角余料萝卜，可以加进去一起煮。

3 **清理蒜、生姜、栗子、红椒、细香葱**：蒜、生姜、栗子均匀切丝，红椒切半去籽，均匀切丝。细香葱洗净捞出，沥水后切末。

4 **制作配料**：充分混合步骤2的海带鳀鱼汤、朝鲜酱油、黑芝麻、辣椒丝等，和步骤3的切丝材料仔细混合，制成配料。想调出甜味时，可根据个人喜好加入蜂蜜。

5 **浇淋配料、装入容器**：容器底部放2张紫苏叶，用汤匙盛起配料浇淋在叶子上面。用相同方法叠放所有紫苏叶，用手压好，封盖。

6 **熟成**：直接食用也好吃。也可以根据个人口味，熟成之后食用。

小提示 芳香的健康守护神——紫苏叶

紫苏叶富含维生素A、维生素C、膳食纤维，铁的含量是菠菜的2倍。食用紫苏叶30g，就可以满足人体每天的铁摄取量。用具有独特香味的紫苏叶腌制泡菜，美味和健康一举两得。

两棵

泡萝卜

泡萝卜块和脆腌短桶形白萝卜，怎么吃也吃不腻。即使你面前摆着一桌丰盛的牛排大餐，嘴里还得嚼一块酸熟发黄的短桶形白萝卜，心里才会踏实，这正是我们的口感。温和质朴的泡菜，当属泡萝卜。它易入味，材料也简单。萝卜划开后填入馅料制成的鳞泡菜，加入各种海鲜和磷虾酱腌制的小坛海鲜泡菜，用白菜包各种馅料，模样像花朵的石榴泡菜，这一切都是以萝卜为食材制成的泡菜。不管加入什么材料腌制，也不论用什么颜色的汤水上色，泡萝卜总能全盘接受。泡萝卜看上去平凡、俗气，却总能把各色各样的材料一揽入怀，具有令人刮目相看的才气，是一种厚道、温和的泡菜。

脆腌短桶形白萝卜

腌到脆口的短桶形白萝卜，加入虾肉酱，成为加深了舒爽口感的冬储泡菜

准备 短桶形白萝卜3捆（5kg），细香葱1/2捆（400g）

腌短桶形白萝卜：水10杯，粗粒盐2杯

配料：辣椒粉1杯，干辣椒50g，蒜末3/4杯，姜末少许，糯米糊1杯（糯米粉1大匙，水1.5杯，豆浆1小匙），海带汤1杯（5cm×2.5cm海带1片，水1杯），鳀鱼粉少许，烤盐适量

酱：虾酱（肉酱）1/4杯，鳀鱼液酱3/4杯，鳀鱼实料酱1/4杯

1

2

3

4

7

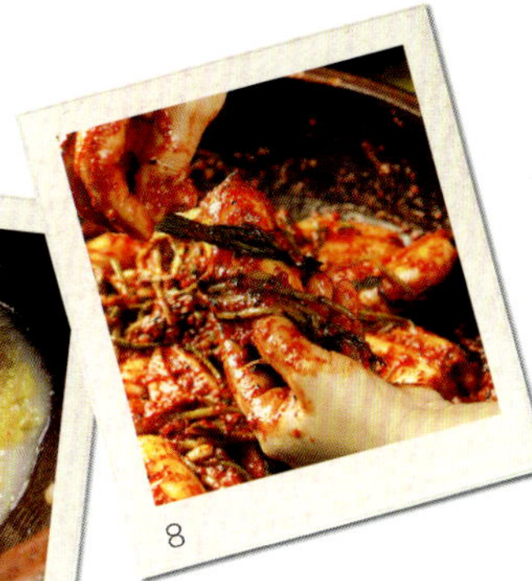
8

制作方法

1 清理短桶形白萝卜：挑选个头小而坚硬、根部粗、茎叶嫩短的短桶形白萝卜。打蔫的叶尖和茎部用刀切除整理，只去除杂毛后，用刷子刷洗干净。

2 腌渍短桶形白萝卜：可完全浸泡萝卜的水中化开盐，竖立排放萝卜，腌渍2h后将萝卜放倒，使叶子也浸入盐水中，继续腌渍1h。腌到可以用手掰弯萝卜的程度，用水清洗两三次，沥水。

3 腌细香葱：细香葱清理后，用鳀鱼液酱腌渍。过30min后，倒出液酱。

4 煮海带汤：冷水中加入海带，加热。煮沸时熄火，静置20min左右，把海带捞出来，汤放凉。

5 煮糯米糊：用1/2杯水化开糯米粉。锅中倒入1杯水，加入泡开的糯米粉和用打磨机磨好的豆浆，制成浓稠的糯米糊。

6 打磨干辣椒：干辣椒擦净，用剪刀剪成3等份，用水清洗后静置20min，自然泡发后，用打磨机打磨。

7 制作配料：步骤3中倒出来的鳀鱼液酱装盘，加入辣椒粉、打磨干辣椒，再加入海带汤、糯米糊、酱和剩余配料。静置10min，使辣椒粉泡发入味。

8 拌制：排放萝卜和细香葱，把制好的配料均匀地涂抹在萝卜和细香葱上，按每顿分量，用萝卜叶和细香葱把萝卜捆好、装盒。腌渍短桶形白萝卜时，萝卜的表叶也用盐一起腌渍，腌好的表叶挤干水分后，盖在入盒的萝卜上面，用手压实。

9 熟成：放在阴凉处一两天，再放进冰箱储藏。过20天后取出食用。

小提示

脆腌短桶形白萝卜是在冬储泡菜季节在整棵辣白菜之前腌渍、熟成并食用的泡菜。需挑选外观匀称、根底部形状像双孢蘑菇般胖粗的短桶形白萝卜，才能腌渍出好吃的泡菜。在挑选时切片试吃，只要选择水分多、味道甘甜的短桶形白萝卜，就不必担心腌渍失败了。泡萝卜必须加入虾酱才能体现舒爽的口感，特别是选用饱满、质白的肉酱（虾酱），才会真正好吃。

泡萝卜块

切得方正，腌出优雅的日常泡菜

准备 萝卜3个（3kg），细香葱、水芹各30g

腌萝卜：粗粒盐1/2杯

配料：细辣椒粉1/2杯，辣椒粉1/2杯，蒜末3大匙，姜末少许，糯米糊2大匙，鳀鱼粉、黑芝麻各少许

酱：虾酱（肉酱）1/4杯，鳀鱼酱1.3大匙，粗粒盐1.3大匙，鲜虾100g

用切成正方体的、有模有样的萝卜块腌渍的泡菜，与普通腌萝卜块差别虽小，摆盘上桌时，外观端正的萝卜块更容易引起食欲。加入黑芝麻，外形更佳。

制作方法

1 清理萝卜：挑选结实而顺滑的中等大小的传统萝卜。去掉杂根，用刷子刷洗，洗掉表面的泥巴后，切成2cm见方的方块。切出方正的正方体，收集剩下的圆边余料，可在腌制泡萝卜或煮海带汤时使用。

2 腌渍萝卜：切好的萝卜撒盐，腌1h左右。放在箩筐里沥水后，撒入细辣椒粉，染出辣椒红。

3 切细香葱和水芹：细香葱和水芹，切成2~3cm的长度，才不会显得杂乱。萝卜茎叶不用腌渍，切成相同尺寸后直接加进去，味道也很好。

4 制作配料：加入准备好的材料，制作配料。加入捣碎的鲜虾和鱼酱，静置10min左右，使辣椒粉泡发入味。（制作糯米糊和海带汤的方法，参照28页。）

5 拌制：腌好的萝卜里加入配料和细香葱、水芹，拌匀。

6 熟成：在阴凉处放1天左右，再放进冰箱储藏，10天后即可食用。

腌芜菁

蕴藏着芜菁刺鼻香气的纯泡菜

准备 芜菁5kg，细香葱50g

腌芜菁：粗粒盐1杯

配料：辣椒粉3/4杯，蒜末1/2杯，姜末少许，糯米糊1杯

酱：虾酱（肉酱）1/4杯，鳀鱼液酱3/4杯，粗粒盐2小匙

*注：因芜菁外形酷似萝卜，故归为泡萝卜。

制作方法

1 清理芜菁：选用江华芜菁，去掉杂毛，用刀剜出底部脏物之后，用流水清洗，捞出沥水。秋季出产的芜菁内叶，切下后可在拌制时加入。

2 腌渍芜菁：芜菁以2.5cm×3cm的尺寸切片。撒入盐，拌好后腌1h，再捞出沥水。芜菁与普通萝卜相比，水分并不多，即使腌渍，出水也不多。

3 切细香葱：细香葱去掉脏表皮，用流水甩洗后捞出，沥干水分。芜菁叶洗净后也捞出，沥水。细香葱和芜菁叶以3cm的长度切段。

4 制作配料：用刀切碎虾酱，加入配料里混合。加入鳀鱼液酱一同混合。（制作糯米糊的方法，参照28页。）

5 拌制：备好的配料里加入芜菁和细香葱、芜菁叶，然后拌制。

6 熟成：常温中摆放1~2天后，放进冰箱储藏10天左右，熟成后食用。

小提示 江华芜菁具有类似芥末般刺鼻的香气，是嚼劲十足的特殊材料。它特有的紫色表皮，腌制出色泽优美的泡菜，会加倍开胃。由于芜菁本身容易上色，为了突出其自身的紫色，也可以不用辣椒粉上色。

鳞泡菜

加入各种细丝造型的宫廷泡菜

准备 椭圆形白萝卜10个（2.4kg）

腌萝卜：水5杯，粗粒盐1/2杯

馅料：萝卜150g，盐1大匙，梨1/2个，水芹30g，细香葱30g，栗子10个，大枣6个，蒜10个，生姜适量，石耳少许

配料：细辣椒粉2大匙

酱：虾酱1大匙，鳀鱼液酱1大匙，粗粒盐1大匙

汤水：矿泉水5杯，蒜末1大匙，姜末少许，烤盐适量

制作方法

1 **腌渍萝卜：** 萝卜切下茎叶，用刷子刷洗。备用水中化开盐，浸泡萝卜，腌1h。等萝卜腌到一定程度时切半，隔2cm距离用刀划开萝卜，再泡进盐水中腌1h。充分腌渍后，用流水清洗一次，沥水。茎叶也用盐水轻腌，过一次清水，沥干。

2 **萝卜切丝：** 用于馅料的萝卜（150g）均匀地切成细丝后，用1大匙盐拌好，轻腌后捞出，沥水。

3 **梨和栗子切丝：** 梨去皮去核后，切成与萝卜丝相同的尺寸。栗子去皮后切成细丝。

4 **蒜和生姜切丝：** 蒜和生姜去皮，用流水洗净后切成细丝。

5 **上辣椒水：** 腌渍好的椭圆形白萝卜和萝卜丝，各自撒入少许辣椒粉，染色。

6 **水芹和细香葱切丝：** 水芹和细香葱用流水洗净，捞出沥水，以2cm的长度切段。

7 **清理石耳：** 石耳用水泡开，把夹泥等脏物洗净后，沥水，切成细丝。

8 **加入拌制的馅料：** 加入所有打理好的馅料，加入辣椒粉和酱后拌制。腌渍的椭圆形白萝卜，在刀切划开的部分加入备好的馅料，抹好配料后，整齐地放进容器里。用事先腌好的茎叶盖好，压实。

9 **灌汤：** 蒜末和姜末用纱布包好，挤汁，只取汁混入矿泉水里，用盐调味后倒入容器里。

10 **熟成：** 在室温中熟成1天左右，放进冰箱储藏，过2周左右充分入味时即可取出食用。

小提示 以美丽的造型受人宠溺的鳞泡菜

选用比手掌长度稍短一些的椭圆形白萝卜，用刀划开后，填满各种馅料。鳞泡菜斯文的造型，十分吸引食客的眼球。由于模样优美，很适合上客人桌。在冬储泡菜季节腌渍鳞泡菜时，用腌白菜叶包好每棵鳞泡菜，装入容器中，食用时取出一个装盘即可。鳞泡菜虽然不费功夫，但由于馅料种类多，每种材料需切成均匀的细丝，能够从中读出腌渍人的功力和精诚。由于味道好、外观漂亮，鳞泡菜也是宫廷爱用的泡菜。只使用萝卜丝和栗子丝，可腌制出清淡的口味，再浇满混合了鸡冠花汁的汤，用这种方法做成的鳞泡菜，不但造型漂亮，而且口味酸甜，是孩子们的最爱。鳞泡菜风格类似西式冷菜，和上等料理搭配，效果出众。

石榴泡菜

花瓣一样的白菜叶里，饱满美丽的宫廷泡菜

准备 萝卜2个，白菜2棵（4kg），水芹150g

腌萝卜：水2L，粗粒盐2杯

腌白菜：水1L，粗粒盐1杯

馅料：梨1/2个，栗子10个，红枣8个，细香葱100g，蒜100g，生姜适量，石耳4张，辣椒丝少许，糯米糊2大匙，盐适量

酱：虾酱（肉酱）1/4杯，鳀鱼液酱1.3大匙

汤水：矿泉水5杯，海带汤5杯，梨汁1杯，蒜汁1大匙，烤盐少许

制作方法

1 **清理萝卜、腌渍：**挑选粗细均等的萝卜，用刷子刷洗、沥水，切掉头尾两端后，切成1.2cm厚的片。2L水中化开2杯盐，腌萝卜30min左右。等萝卜片腌到软嫩时，用刀以象棋盘模样划开，继续腌30min左右。

2 **腌渍白菜：**白菜切掉根茎底部，叶子一张张掰下来，选出绿而宽大的20张表叶，用作包装叶。1L水化开1杯盐，浸泡白菜，腌渍3h。

3 **焯水芹：**水芹只选用茎部，用沸水焯一下。

4 **准备馅料：**梨、栗子、蒜和生姜切成细丝，红枣去核切成细丝，细香葱以3cm的长度切段，石耳用水泡发后挤干水分，切成细丝。

5 **拌制馅料：**步骤4的材料中加入其余的馅料以及虾酱、鳀鱼液酱进行拌制。（制作糯米糊和海带汤的方法，参照28页。）

6 **用白菜叶包馅：**用刀划开的萝卜间隙里填入备好的馅料。小容器里呈十字形交叉放水芹茎，在上面呈十字形铺两张白菜叶。分别加入加馅的萝卜段，拿起白菜叶往上面盖好，用水芹条捆好，打十字结。

7 **制作汤水浇注：**备好的矿泉水、海带汤混合之后，将用纱布挤出来的梨汁、蒜汁加入汤里。如果味淡，加盐调味。容器里加入一包包石榴泡菜，浇入汤水。

8 **熟成：**在常温里放1天左右，放进冰箱熟成15天。由于不加辣椒粉，泡菜容易变酸，储藏时间较短。

小提示 送礼佳品——石榴泡菜

乍一看，石榴泡菜很容易使人联想到海鲜包泡菜或白包泡菜。因为从表面上看，它们都用白菜叶包裹，再用水芹捆绑。然而，一旦解开白菜叶，你会为它全然不同的相貌感到惊讶。石榴泡菜精美的刀工和间隙里填入的各种馅料，看上去特别像花瓣，美到令人惊艳。石榴泡菜作为宫廷主要腌菜，送礼也很体面。用瓷器或陶器一排排放好，浇入恰到好处的汤水，盖上盖子密封后，用布料一包装，真是一件美丽的礼物。

小坛海鲜泡菜

加入用紫虾制成的磷虾酱腌制的宫廷泡菜

准备 白菜1棵（2kg），萝卜2个，黄瓜2个

腌白菜：水1L，粗粒盐1杯

腌萝卜和黄瓜：粗粒盐1/3杯，细香葱1/4捆，水芹100g，梨2个，栗子10个，松子2大匙，辣椒丝少许

海鲜：生蚝200g，小章鱼1只，鲍鱼3个，干明太鱼1只

配料：辣椒粉1/2杯，蒜末1/2杯，姜末1大匙

酱：磷虾酱1/2杯

制作方法

1　**腌渍白菜：**白菜底部用刀划开，掰成两半。备用水中化开一半分量的盐，浸泡白菜。剩下的盐撒入白菜叶之间。过3h后翻面继续腌2h左右，用流水洗四遍，捞出沥水，切片。表叶另外收集，不用切片。

2　**腌渍萝卜和黄瓜：**萝卜用刀刮掉茎部的脏物，去掉杂毛之后用刷子刷洗，切成3cm×2.5cm×0.5cm的尺寸。撒盐腌1h左右，捞出沥水。黄瓜切成和萝卜相同的尺寸，一起腌渍。

3　**切梨和栗子：**梨去皮去核之后切成和萝卜相同的尺寸。栗子去皮切成片。

4　**清理水芹和细香葱：**水芹和细香葱去掉脏乱的表皮，清洗后捞出，切成3~4cm长的段。

5　**清理海鲜：**小章鱼用盐揉搓，去掉内脏，切成3cm长的段。用淡盐水清洗生蚝，洗完捞出。鲍鱼用盐搓洗，摘下肉切成薄片。干明太鱼用水泡发，去鳞，以2cm的长度切段。

6　**制作配料：**备好的材料里加入磷虾酱进行混合，使辣椒粉泡发。

7　**拌制：**在备好的配料里加入切好的白菜、萝卜、黄瓜、水芹、细香葱、梨、栗子、松子、辣椒丝，加入海鲜拌制。放进容器里，用手压实后，覆盖腌白菜叶。

8　**熟成：**常温下熟成1天后，放进冰箱里储藏3~4天即可开始食用。由于加入了大量海鲜和辅料，熟成时间过长，反而不好吃。

小提示　小坛礼品——小坛海鲜泡菜

小坛海鲜泡菜，是宫廷或有权有势的人家逢每年正月相互赠送的泡菜。有人会想，泡菜就是泡菜，哪来那么多花样？只要亲自腌渍和品尝过，自然会知道其中缘由了。小章鱼、鲍鱼、生蚝和干明太鱼等高级海鲜，加入梨、栗子和松子拌制，那味道又甜又香。再加上用珍贵的磷虾酱腌渍，作为泡菜，这不是顶级的奢华吗？装进陶瓷器或白瓷瓮里，泡菜会呈现美丽色泽。

海鲜泡菜

各种海鲜腌渍出舒爽的美味汤水

准备

白菜1棵（2.5kg），萝卜1个

腌白菜：水5杯，粗粒盐1杯

腌萝卜：粗粒盐2大匙

海鲜：生蚝、鱿鱼、小章鱼、章鱼各100g

配料：劲辣辣椒粉1.3大匙，不辣的辣椒粉1大匙，糯米糊2大匙，海带汤3杯，蒜末1/3杯，姜末少许，水芹50g，细香葱30g，栗子2个，红椒1个，鳀鱼粉1小匙，烤盐适量

酱：鳀鱼液酱1/4杯，虾酱2大匙

制作方法

1 腌渍白菜：切掉白菜底部，掰下每片叶子腌渍。5杯水里化开1杯盐之后，浸泡白菜叶，腌2h。用流水清洗三遍，放在沥水盆中沥水。白菜心切成2cm见方的片。

2 腌渍萝卜：萝卜以白菜尺寸切片，撒2大匙盐腌1h后，用沥水盆捞出去沥水。和白菜一起染辣椒色。

3 切配料材料：栗子切片，红椒切斜段，抖出辣椒籽。水芹和细香葱以3cm的长度切段。

4 准备海鲜：小章鱼、鱿鱼和章鱼等用盐搓洗，沥水后切成萝卜一样的尺寸。撒入3大匙粗粒盐腌渍后捞出，沥水。

5 准备配料：虾酱用刀切碎，准备所需分量的海带汤和糯米糊（制作方法参照28页）。备用配料里加入鱼酱，搅拌均匀，静置10min，使辣椒粉泡发入味。

6 拌制：备好的配料里加入腌白菜、腌萝卜和海鲜，加入各种配料拌制。尝尝口感，味淡时用盐调味。将泡菜排放在容器里，用手压实后，杯子里倒些矿泉水洗一下杯子，再倒1.3杯矿泉水浇淋泡菜。

7 熟成：在常温里熟成1天后，放入冰箱储藏，过2周后开始食用。

短桶形白萝卜夹心

熟成到酸酸的萝卜配甜甜的馅料和汤水

准备

短桶形白萝卜1捆（10个）

腌萝卜：水5杯，粗粒盐1/2杯

馅料：萝卜150g，粗粒盐1大匙，水芹、细香葱各30g，梨1/2个，栗子10个，蒜10个，生姜适量，石耳少许

配料：细辣椒粉2大匙

酱：虾酱1大匙，带鱼液酱1大匙

汤水：矿泉水5杯，蒜末1大匙，姜末、烤盐各少许

制作方法

1 腌短桶形白萝卜：短桶形白萝卜去掉细毛，清理茎端和底部并清洗、捞出。备用盐水里浸泡短桶形白萝卜，腌30min。

2 萝卜、梨和栗子切丝：切段备用的萝卜切成细丝，用1大匙盐拌匀后轻腌一下，捞出沥水。梨去皮去核后，切成与萝卜丝一样的尺寸。栗子也切成细丝。

3 蒜和生姜切丝：去皮洗净的蒜和生姜切成细丝。

4 上辣椒色：腌好的短桶形白萝卜和萝卜丝，分别撒入少量辣椒粉上色。

5 切水芹和细香葱：用流水清洗水芹和细香葱，捞出后以2cm的长度切段。

6 清理石耳：石耳用水泡发后，捞出，挤干水分后切成细丝。

7 馅料的拌制和填馅：混合所有馅料材料，加入辣椒粉和酱拌匀。在短桶形白萝卜的刀口间隙填入馅料，整齐排入容器里。展开萝卜茎叶覆盖好，用手压实。

8 汤水的制作和浇淋：用纱布分别包好蒜末和姜末，挤出汁，将汁液加入矿泉水中混合，再用盐调味，浇入步骤7的泡菜容器里。

9 熟成：放在常温中熟成1天，再放进冰箱里储藏，2周后开始食用。

梅子水泡萝卜

加入从原汁梅子中捞出来的固体物，加倍甜蜜的夏季泡菜

准备 椭圆形白萝卜10个（2.4kg）

腌椭圆形白萝卜：水5杯，粗粒盐1/2杯，蒜2个，生姜适量

汤水：萝卜1个，梨1个，矿泉水5L，海带汤5杯（10cm×10cm海带1张，水5杯），原汁梅子固体物1/2杯，烤盐适量

1

3

4

6–1

6–2

制作方法

1　**腌渍椭圆形白萝卜：**用刷子刷洗椭圆形白萝卜。在备用水中化开盐，萝卜倒立浸泡，使萝卜沉入盐水底部，腌1h，等萝卜变得软嫩时，将萝卜放倒，以便茎叶也入味。腌渍完毕，用流水清洗一遍，捞出、沥水。

2　**萝卜刨丝：**萝卜去掉杂毛之后，用刀刮除茎部的脏物，用流水洗净、捞出，用刨丝钢板刨丝。

3　**切蒜和生姜：**蒜和生姜去皮、洗净，切片。准备纱布袋，加入蒜片和姜片，封口。

4　**装入坛子：**腌好的椭圆形白萝卜整齐地放入泡菜坛子里。用萝卜茎叶缠绕椭圆形白萝卜，扎好放进去。步骤3的纱布袋也一同装入坛子里。梨切成4等份，去核之后装入坛子里。

5　**制作海带汤：**5杯水中加入海带加热，等煮沸时熄火、静置，使汤水入味。过20min左右，捞出海带，汤水放凉。

6　**汤水的制作和浇淋：**矿泉水和海带汤混合之后，将刨丝萝卜包入纱布中挤汁，只取挤出来的萝卜汁进行混合。制作原汁梅子后剩余的梅子固体物加入汤里。如果味淡，用烤盐调味、收尾。将制好的汤水倒入步骤4的泡菜坛子里。

7　**熟成：**由于夏季的泡菜熟成得快，在常温里只放半天后，放进冰箱熟成2周左右，开始食用。

小提示　梅子水泡萝卜散发着梅子酸而甜的味道，是孩子们十分喜爱的水泡菜。单凭梅子固体物，泡菜已具有充足的甜味，因此不必加入梅子原汁。砂糖不入泡菜是我的准则，然而有时候，我也会使用砂糖。当然不是直接加入泡菜里，比如原汁梅子和原汁柚子，为了提炼它们的甜香气，会加入砂糖。制作原汁梅子和原汁柚子，需要熟成3个月以上，在这期间砂糖中原有的有害物质被自然分解，故对身体不会有威胁。

孔鳐萝卜夹心

腌在盛产孔鳐的秋季，享用一整冬的珍味泡菜

准备 白萝卜10个（5kg），孔鳐10条（1kg）

腌萝卜：水5L，粗粒盐2.5杯

腌孔鳐：粗粒盐3/4杯

配料：蒜末1/2杯，姜末3大匙，辣椒粉3杯，海带汤1杯，糯米糊1/2杯，鳀鱼粉少许，粗粒盐适量

酱：鳀鱼实料酱3/4杯，虾酱1/4杯

1-1

1-2

4

5

6

制作方法

1　**腌渍白萝卜：**用刷子刷洗白萝卜，用流水洗净、沥水。备用水中化开一半的盐，白萝卜倒立浸泡2h左右。剩余的粗粒盐撒在萝卜上。在中途把萝卜放倒，使叶子也浸入盐水中，继续腌渍2h，再用流水清洗，捞出沥水。

2　**清理孔鳐：**用刀尖刮掉鱼鳞，切除头和尾，取出内脏用流水清洗，捞出。

3　**腌渍孔鳐：**将备用的盐均匀地撒在孔鳐身上，排放在柳编筐里，晒到半干。适度晒干后，装入瓮器里，3~4天后排掉剩余水分。

4　**划开萝卜：**腌到恰到好处的嫩萝卜，从头部中间纵向划开。

5　**制作配料：**备用的配料里加入鳀鱼实料酱，充分混合之后静置，使辣椒粉泡发入味。

6　**拌制：**给萝卜和孔鳐浇入配料，充分拌匀之后，往划开的萝卜间隙里夹入孔鳐。为了避免孔鳐滑落，萝卜用茎叶缠绕、打结。

7　**熟成：**萝卜整齐排入容器中，在常温里熟成1天左右后，放入冰箱储藏，20天之后可取出食用。

小提示　俗话说孔鳐能让离家儿媳归顺，也说孔鳐头载三斗芝麻。这皆因它富含油脂，是香而好吃的海鲜。10月正值孔鳐的盛产季，这个季节腌渍的孔鳐萝卜夹心，不但没有腥味，萝卜和孔鳐的味道相辅相成，散发出独特的风味。10月也是白萝卜的盛产期，不论时机还是口味，它和孔鳐都是绝佳的搭配。这时期生产的白萝卜，虽然个头不大，却肉质紧实、脆爽，口感相当好。腌渍20天就开始食用，即使再过两个月，孔鳐也不会发酵，肉质依然，萝卜也不会烂，可以持续享受美味。

水泡萝卜

用梨提升甜香、用发酵的辣椒凸显辛辣味的冬储泡菜

准备 白萝卜10个，白菜2棵

腌萝卜：水5L，粗粒盐5杯

腌白菜：水2L，粗粒盐2杯，细香葱200g，发酵辣椒200g，梨2个，葱须100g，蒜200g，生姜50g，刺松藻5片

汤水：矿泉水30L，粗粒盐适量

制作方法

1 腌渍白萝卜：白萝卜摘掉茎叶，清理杂毛和茎部之后，用刷子刷洗，沥水。质嫩的茎叶可以留下。备用水中化开盐，加入萝卜进行腌渍。浸泡一整天，直到萝卜发软时清洗、沥干。

2 腌渍白菜：白菜底部用刀划开切半，在备用水中化开1杯盐，浸泡白菜后，剩余的盐撒入白菜叶之间。腌3h之后翻面，继续腌2h，用流水清洗，捞出沥水后，分别切成4等份。

3 腌渍细香葱：去掉杂乱的葱叶，用流水洗净后捞起，用泡过白菜的盐水浸泡，腌到打蔫为止。之后用水清洗、沥水，结编备用。

4 准备梨：梨用流水洗净、沥干水分后，用筷子扎五六个洞，使果汁充分渗入汤中。

5 清理葱须：葱须抖掉泥，用流水搓洗，彻底洗净脏物，之后晒干备用。

6 泡发刺松藻：5片刺松藻干用盐水泡发后，洗净，挤干水分。

7 制作纱囊：蒜和生姜洗净切片。干净的纱布袋里加入葱须、刺松藻、蒜片、姜片，封好口放进瓮器的中间部位。

8 装入瓮器里：预先消毒好的瓮器底部铺一层萝卜，上面盖一层白菜，继续按萝卜、白菜的顺序叠放。在中间部位，分层叠放发酵辣椒、梨、细香葱。

9 汤水的制作和浇淋：为防止萝卜浮出汤面，用石头压实。在备用矿泉水中化开盐，将盐水淋到泡菜上面。

10 熟成：在常温中熟成2天左右，放进冰箱里储藏。再过1个月左右，开始取出食用。

小提示 用瓮器熟成的水泡萝卜，加倍好吃

泡菜冷柜的普及化，促使大部分家庭用专用泡菜盒储藏泡菜。唯独水泡萝卜，无论如何也不及瓮器熟成的风味。在瓮器底部垫冬储泡菜专用透明塑料袋，在里面腌渍水泡萝卜之后，用石头压紧，浇淋汤水，之后找竹叶盖上。普通的水泡萝卜，常在11月中旬腌渍，12月底开封，吃到来年1月。盖上竹叶的泡菜，过了这个时期也不会发霉。盖松枝，就会散发松香。塑料袋口子封紧，在切断空气流通的情况下熟成的泡菜，实在好吃。如果需要便捷腌渍法，使用短桶形白萝卜也不错。萝卜脆脆的，很有嚼劲，还不需刀切，很方便。

甘柿芜菁片

甜美的甘柿搭配微苦的芜菁，风味别样的泡菜

准备 芜菁2kg，甜柿1kg，细香葱30g

腌芜菁：盐1/3杯

配料：软柿1个，辣椒粉1/3杯，蒜末3大匙，姜末少许，糯米糊1/2杯，海带汤1杯

酱：虾酱（肉酱）1/4杯，鳀鱼液酱1/4杯

制作方法

1 **准备甜柿和软柿：**甜柿去皮，切成4等份，去核之后切片。切得过薄容易烂，最好切0.5cm的厚度。软柿去皮去核，捣碎。

2 **清理芜菁：**选用江华芜菁，去细毛后，用刀刮掉茎部脏物，用流水洗净、沥水。秋产芜菁的嫩叶芯可以在拌制时使用。

3 **腌渍芜菁：**芜菁以2.5cm×3cm的尺寸切片。撒入备用的盐，拌匀腌渍1h后，捞到柳编筐里沥水。芜菁与普通萝卜相比，水分不算多，即使腌渍，也不会出太多水分。

4 **切细香葱：**脏乱表叶择除后，用流水甩洗，捞起沥水。芜菁叶也用相同方法洗净，捞起沥水。细香葱和芜菁叶分别以3cm的长度切段。

5 **制作配料：**虾酱用刀切碎后放入配料里混合，然后加入鳀鱼液酱，再加入捣碎的软柿增加甜味。（制作糯米糊和海带汤的方法，参照28页。）

6 **拌制：**备好的配料里加入甜柿、芜菁、细香葱、芜菁叶拌匀。

7 **熟成：**常温中熟成1天，放进冰箱储藏1周后食用。甜柿储藏过久会烂，显得不洁净，口味也差，需选用硬实的柿子。

小提示 秋季腌渍的别样风味——片泡菜

时值10月末，乡下的柿子树好不热闹。挂满一树的熟柿子，一眼望上去，让人满心欢喜。甘柿芜菁片，是10月短暂腌渍的泡菜。加入硬度刚好的熟柿子片，提升甜蜜的口感是它的特征。一片微苦的芜菁加一片甘柿，一同放进嘴里，会制造出绝顶的美味。想要更甜的配料，可加入熟透的软柿泥，不但色泽优美，缠绕舌尖的糯劲也属一流。一如所有含水果的泡菜，片泡菜需适量腌渍，不必等候芜菁的熟成期，需把焦点放在甜柿上，趁柿子新鲜时享用。

鲳鱼泡萝卜

脆口短桶形白萝卜配柔软的鲳鱼，演绎出舒爽口感的泡菜

准备 短桶形白萝卜1捆（2kg），鲳鱼（小）8条（400g）

腌短桶形白萝卜：水1L，粗粒盐1/4杯

馅料：细香葱20g

配料：辣椒粉1/5杯，粗粒盐1/2杯，糯米糊1/4杯，海带汤1/4杯，鳀鱼粉1小匙，干辣椒40g，红椒30g，蒜末1/4杯，姜末2小匙，黑芝麻少许

酱：带鱼液酱1/5杯，鳀鱼实料酱1.3大匙，虾酱（杂虾酱）2小匙，生虾20g

制作方法

1 **清理短桶形白萝卜：**需挑选小而结实、根粗、茎叶短、肉质嫩的短桶形白萝卜。用刀刮净蔫叶、尖和茎部，清理之后去除杂毛，用刷子刷洗干净。

2 **腌渍短桶形白萝卜：**备用的水中化开盐，将短桶形白萝卜竖立腌渍2h，之后将萝卜放倒，连叶子一同浸泡，继续腌渍1h。等腌到萝卜可以用手掰弯的程度时，清洗两三遍、沥水，斜切成适口尺寸备用。

3 **清理鲳鱼：**鲳鱼去掉头和尾，整理内脏之后洗净。切成和短桶形白萝卜差不多的尺寸，撒入1小匙盐。

4 **打磨辣椒：**用剪刀剪掉干辣椒蒂，剪成3等份之后，抖出辣椒籽，清水清洗后涨发20min左右。红椒也剪蒂、去籽后洗净备用。清理好的干辣椒、红椒放进打磨机里，加入少许海带汤进行打磨。

5 **切细香葱：**去掉细香葱的脏乱叶子，用流水甩洗后沥水，以2~3cm的长度切段。

6 **清理生虾：**生虾用淡盐水洗净，捞出沥水后剁碎。

7 **制作配料：**辣椒粉、海带汤、糯米糊、打磨的干辣椒和红椒、蒜末、姜末、鳀鱼粉、黑芝麻充分混合之后制作泡菜配料。再加入切段的细香葱拌制。带鱼液酱、鳀鱼实料酱、虾酱里加入清理好的生虾。（制作糯米糊和海带汤的方法，参照28页。）

8 **拌制：**备好的配料里加入清理好的短桶形白萝卜和鲳鱼，用手轻轻拌抹。

9 **熟成：**含海鲜的泡菜，需在低温下长期熟成，才会体现更浓郁的口感。在常温中熟成20天以后，可以取出食用。

大酱萝卜咸菜

可一年四季吃的珍味酱菜

准备

萝卜（传统朝鲜萝卜）5个（5kg），辣椒籽2kg，大酱2kg

制作方法

1 清理萝卜：挑选结实的朝鲜萝卜，去掉杂毛之后，用刀刮净茎部脏物，用流水洗净。切2cm厚的片，放在柳编筐里晒1周左右，蒸发水分。

2 准备辣椒籽：经水洗晒干的辣椒籽可直接使用。如果是现成的新鲜辣椒籽，需用水清洗一遍，捞到箩筐里沥水。

3 拌制：材料混合之前留少许辣椒籽。将清理后的萝卜、剩余辣椒籽、大酱混合拌抹，并整齐地放进泡菜盒子里。拌制好的萝卜上撒混合前留下的辣椒籽。

4 熟成：在11月或12月腌渍，到第二年夏天用水清洗一遍，减掉少许盐分之后，加入蒜、葱、香油、芝麻盐进行拌制，即可作为原汁原味的佐餐咸菜食用。

儿童萝卜块

突出的清淡口味，尺寸适口的儿童专用萝卜块

准备

萝卜1个（1kg）
腌萝卜：粗粒盐1/4杯
馅料：细香葱10g，梨1/3个
配料：辣椒粉1.3大匙，糯米糊2大匙，蒜20g，生姜少许
酱：虾酱1.3大匙

在孩子不喜欢辣椒的情况下，去掉染辣椒色的过程，可做出白色泡菜。

制作方法

1 清理萝卜：按边长1cm切成方块。
2 腌渍萝卜：将盐撒入切好的萝卜块上，腌30min左右，用箩筐沥水。
3 染辣椒色：在萝卜块中撒入少许辣椒粉，拌抹上色。
4 切梨和细香葱：梨切成与萝卜块相同的方块，细香葱以2cm的长度切段。
5 打磨蒜和生姜：蒜和生姜中加入糯米糊、虾酱，用打磨机打磨。（制作糯米糊的方法，参照28页。）
6 拌制：用辣椒粉上色的萝卜里加入打磨好的蒜和生姜、梨、细香葱等其余配料，拌匀之后装入泡菜盒子里。
7 熟成：在常温中熟成半天左右，放进冰箱储藏1周，之后取出食用。

三棵

泡白菜

所有泡菜最基础的还属辣白菜，即腌白菜清洗后，加入萝卜丝和细香葱、芥菜、水芹等配料拌抹的泡菜。倒碗水涮一下辣白菜，学步不久的孩子们吃着这样的泡菜片，从中逐渐熟悉泡菜的味道。自那时起，几乎一生的每一顿饭都会吃辣白菜。这都是老生常谈了，哪来的新颖可言？然而，屡腌屡新的正是辣白菜了。哪怕换一种海鲜、换一种鱼酱，它都会散发出明显不同的味道，真可谓变化万千。新鲜腌渍的自有它的风格，将它用瓮器埋入地下，又会提炼出岁月的风味。于是，百吃不厌的泡白菜就像老朋友，每腌一次都会以新的姿态向我们走近。

首尔·京畿式辣白菜

整棵辣白菜中最基础的泡菜

准备 白菜5棵（12.5kg）

腌白菜：水5L，粗粒盐5杯

馅料：萝卜1个（1kg），芥菜170g，水芹70g，细香葱100g，梨1个，海带汤2杯（5cm×5cm海带1张，水2杯），糯米糊2杯（糯米粉2大匙，水3杯，豆浆1大匙）

配料：细辣椒粉3大匙，辣椒粉1.75杯，蒜末1.25杯，姜末1小匙，鳀鱼粉1小匙，黑芝麻1大匙，烤盐适量

酱：棘头梅童鱼酱汤1/4杯，鳀鱼液酱1.5杯，生虾350g

汤水：矿泉水2杯，烤盐适量

1

2

3

6-1

6-2

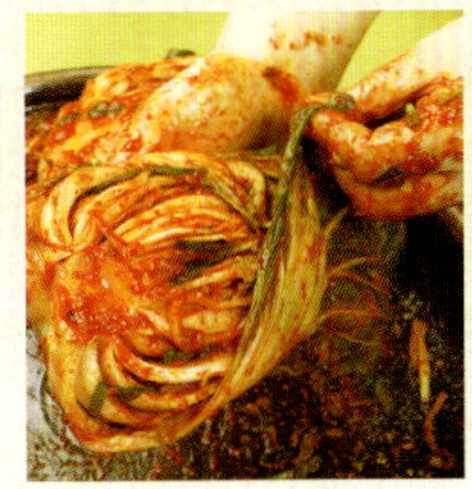

6-3

制作方法

1 腌白菜：白菜底部用刀划开，用手掰开分半。备用的水中化开盐（留一部分撒盐用），在白菜叶子之间浇入盐水湿润。在白菜帮子部分分层撒入一部分剩余的盐。准备一个大泡菜盒子，白菜心朝上整齐叠放在盒子里，撒入剩余的盐。过5h之后，调换白菜的上下层位置翻一次面，继续腌渍5h。挑选干净的白菜表叶，和白菜一同腌渍，用作覆盖叶。

2 白菜洗净、沥水：腌好的白菜用流水清洗四遍，洗掉盐分后，覆在箩筐里沥水。

3 切馅料：萝卜切2mm粗细的丝。撒入细辣椒粉，仔细拌匀，上辣椒色。芥菜、水芹和细香葱分别以4cm的长度切段，梨也按相同长度切丝。

4 煮海带汤：冷水中加入海带煮沸之后，过20min后捞出海带，汤水放凉。

5 煮糯米糊：在1杯水中加入糯米粉并搅开。泡发的黄豆放进打磨机里，加少许水进行打磨。锅中倒2杯水，煮沸时加入泡好的糯米粉和豆浆，调小火熬制。

6 配料的制作和填馅：在配料材料里加入切碎的生虾和鳀鱼液酱，泡发1h之后，加入棘头梅童鱼酱汤和馅料进行拌制。在白菜叶之间抹匀馅料之后，摘下表叶把整个白菜包好，泡菜切面朝上，整齐叠放进泡菜盒子里。

7 汤水的制作和浇淋：用矿泉水把盐化开，倒入装过泡菜馅料的盘子里，把盘子里没刮净的馅料用盐水涮后倒入泡菜盒子里。

8 覆盖表叶并储藏：泡菜装到瓮器或泡菜盒子的4/5分量，覆盖预先腌好的表叶，用手压实，防止空气流通。经长久储藏后食用的泡菜，在表叶上撒层盐收尾。

9 熟成：在常温中熟成1天左右，放进冰箱储藏20天之后即可食用。

全罗道式整棵辣白菜

满加鳀鱼液酱和鳀鱼实料酱，口味浓厚、爽口的泡菜

准备 腌白菜10kg（5棵白菜的分量）

馅料：萝卜1个，芥菜170g，水芹70g，细香葱50g，梨1个

配料：辣椒粉1杯，干辣椒200g，海带汤2杯（5cm×5cm海带1张，水2杯），糯米糊2杯（糯米粉2大匙，水3杯，豆浆1大匙），蒜末1.5杯，姜末1小匙，鳀鱼粉1小匙，烤盐、黑芝麻各少许

酱：鳀鱼实料酱1杯，鳀鱼液酱1杯，虾酱1/4杯，鲜虾200g

汤水：矿泉水2杯，烤盐少许

制作方法

1 **准备白菜：**白菜的腌渍方法同首尔·京畿式辣白菜（参照92页）。如果购入腌白菜，先用流水涮洗一遍，覆在柳编筐里充分沥水备用。

2 **切萝卜和梨：**用刷子用力刷洗萝卜皮，用刀剜出脏物，切成粗丝。撒入辣椒粉拌制，使萝卜丝上色。梨切成相同尺寸。

3 **切芥菜、水芹和细香葱：**芥菜、水芹和细香葱分别去掉杂乱的叶子，用流水洗净捞起，沥水后分别以4cm的长度切段。

4 **准备酱：**鲜虾用淡盐水洗净，捞起沥水后用刀切碎，虾酱也切碎。鳀鱼实料酱和鳀鱼液酱只取汤水备用。

5 **打磨干辣椒：**辣椒剪蒂，用剪刀剪成3等份之后，抖出辣椒籽，用水清洗，静置20min泡发。打磨机里加入少许海带汤，加入备好的辣椒打磨。

6 **制作配料馅：**加入辣椒粉、海带汤、糯米糊、蒜末、姜末、打磨的辣椒、酱、鳀鱼粉、黑芝麻充分混合，制作好配料之后加入步骤2和步骤3的材料，仔细搅拌。味淡时用盐调味。（制作糯米糊和海带汤的方法，参照28页。）

7 **填馅料：**白菜叶之间抹匀馅料，用表叶包紧整个泡菜。摆放时白菜切面朝上，整齐地放入泡菜盒子或瓮器中。

8 **覆盖表叶储藏：**泡菜装满泡菜盒子的4/5，覆盖预先备好的腌白菜表叶，用手压实以免接触空气。用备用的材料制作成汤水，浇淋。

9 **熟成：**在常温中熟成1天左右，放入冰箱里20天左右，开始食用。

小提示 缠绕在口中的糯劲，全罗道式整棵辣白菜

全罗道式整棵辣白菜，加入了足够的糯米糊，使用泡发后经打磨的干辣椒，腌渍出浓厚、辛辣的口味。由于加入了大量鱼酱和配料，咸味突出，汤水浓厚且味香。有时会少量加入萝卜丝，有时则丝毫不加。用带鱼内脏酱代替鳀鱼实料酱，也具有浓郁的口感。使用带鱼内脏酱时，实料切碎后与汤水一起加入。带鱼内脏酱会使泡菜色泽变黑，从这一点足以看出浓重的南方岛屿泡菜风味。

包叶泡菜

搭配水煮猪肉食用的即席泡菜，加梨块提升甜味

准备 白菜1棵（2.5kg）

腌白菜：水5杯，粗粒盐2/3杯

腌萝卜：粗粒盐2大匙

馅料：萝卜1/2个，梨/2个，细香葱、芥菜各30g，生蚝、鱿鱼、小章鱼、章鱼各100g，鲍鱼2个

配料：辣椒粉1.5大匙，干辣椒30g，海带汤1/4杯，糯米糊1/4杯，蒜末1/4杯，姜末少许，鳀鱼粉少许，白芝麻粒1大匙

坚果和水芹：银杏10个，松子30个，栗子5个，红枣3个，水芹20g

酱：鳀鱼液酱2大匙，虾酱1.5大匙，粗粒盐1大匙

1

3

6

7-1

7-2

7-3

制作方法

1 **腌渍白菜：**白菜底部留足够余地用刀切断，并摘下叶片腌渍。在备用水里化开盐，浸泡白菜叶，腌2h。用流水清洗三遍，用箩筐沥水。白菜心另外收集，切成边长2cm的方块。

2 **腌渍萝卜：**萝卜清理之后切成白菜尺寸，撒2大匙盐腌1h后，沥水挤干。

3 **切材料：**梨以萝卜尺寸切块，栗子切片，红枣用刀剜出核，切片，芥菜和细香葱以2cm的长度切段。

4 **清理海鲜：**生蚝、鱿鱼、小章鱼、章鱼用淡盐水洗净，捞出沥水之后切成适当尺寸。从壳中摘下鲍鱼肉，洗净后切片。

5 **焯水芹：**水芹摘掉叶子，只取茎焯一下。

6 **制作配料馅：**虾酱用刀切碎。干辣椒剪蒂，剪成3等份之后，抖出辣椒籽，用水清洗，泡发20min左右。辣椒放进打磨机里，加少许海带汤进行打磨。除芝麻粒以外的配料材料，经充分混合之后，静置1h，使辣椒粉充分泡发，再加入备好的馅料材料、芝麻粒、酱拌匀。（制作糯米糊和海带汤的方法，参照28页。）

7 **用白菜叶包裹：**焯好的2根水芹，以十字形放在小碗里，两张白菜叶以十字形叠放好。在上面放1勺备好的馅料，再放栗子片、枣片、银杏、松子等坚果。白菜叶向上卷起包好，用水芹条打出十字结。

8 **熟成：**即席食用的泡菜不必熟成，即使放进冰箱储藏，过2周之后也会变味。

孔鳐泡白菜

厚片孔鳐肉嚼劲十足，是口感一流的珍味

准备

腌白菜10kg（5棵白菜的分量），生孔鳐500g
馅料：萝卜1个，细香葱100g，芥菜170g，水芹70g
配料：辣椒粉1.5杯，干辣椒200g，海带汤2杯，糯米糊2杯，蒜末1.75杯，姜末2大匙，鳀鱼粉1大匙，黑芝麻、烤盐各少许
酱：鳀鱼液酱1.75杯，虾酱1/2杯，生虾1杯

制作方法

1 腌白菜：白菜的腌渍方法同首尔·京畿式辣白菜（参照92页）。购入腌白菜后，用流水清洗一次，覆在箩筐里放3h左右，充分沥水之后备用。

2 切馅料：萝卜切粗丝，撒少许辣椒粉拌匀，使萝卜丝上色。细香葱、芥菜、水芹分别以4cm的长度切段。

3 清理孔鳐：未经发酵的孔鳐肉以4~5cm长、1cm宽的尺寸切片。

4 制作配料馅：生虾和虾酱用淡盐水洗净后细磨。干辣椒剪蒂，剪成3等份之后抖出辣椒籽，用水清洗，泡发20min，然后用打磨机打磨。酱和配料等材料全部混合之后，加入馅料和孔鳐仔细混合。用烤盐调味。（制作糯米糊和海带汤的方法，参照28页）。

5 填馅料：白菜叶之间铺平馅料后，整个泡菜用表叶包紧收尾。白菜切面朝上，整齐地堆放在瓮器或泡菜盒子里。

6 熟成：常温中熟成1天后，放入冰箱储藏，2周后食用。

这款泡菜不使用糟孔鳐，而直接使用生孔鳐，使泡菜味香而爽口。厚实而劲道的孔鳐肉，非常开胃。即使熟成之后，泡菜也不会散发糟味，可真正品尝出孔鳐独特的幽香风味。

胡瓜鱼泡白菜

唯有在冬季——胡瓜鱼的产季腌渍的泡菜

准备

腌白菜10kg（5棵白菜的分量），胡瓜鱼400g

馅料：萝卜1个，细香葱100g，芥菜200g，水芹70g

配料：辣椒粉1.5杯，干辣椒200g，海带汤2杯，糯米糊2杯，蒜末1.75杯，姜末1大匙，鳀鱼粉、黑芝麻、烤盐各少许

酱：鳀鱼液酱1.75杯，虾酱1/2杯，生虾1杯

制作方法

1 腌渍白菜：白菜的腌渍方法同首尔·京畿式辣白菜（参照92页）。在使用腌白菜时，用流水清洗一次，覆在箩筐里放3h左右充分沥水。

2 切馅料：萝卜切粗丝，撒少许辣椒粉拌匀，使萝卜丝上色。细香葱、芥菜、水芹分别以4cm的长度切段。

3 清理胡瓜鱼：胡瓜鱼去掉头、内脏和尾巴，用盐水清洗、沥水后切成适当尺寸。从头部到腹部用刀斜着划开，取出内脏之后，切成3等份。400g胡瓜鱼，最后会得到300g鱼肉。

4 制作配料馅：生虾和虾酱用淡盐水洗净、切碎。干辣椒剪蒂，剪成3等份之后抖出辣椒籽，用水清洗，泡发20min，用打磨机打磨。备好的酱和配料等材料全部混合之后，加入胡瓜鱼、萝卜丝、细香葱、水芹、芥菜，仔细混合。味淡时用烤盐调味。（制作糯米糊和海带汤的方法，参照28页。）

5 填馅料：白菜放在宽盘上，在白菜叶之间铺平馅料后，整个泡菜用表叶包好收尾。白菜切面全部朝上，整齐地堆放在瓮器或泡菜盒子里。

6 熟成：常温中熟成1天后，放入冰箱储藏，2周后食用。

带鱼泡白菜

济州产银带鱼和带鱼内脏酱，搭配出美味的泡菜

准备

腌白菜10kg（5棵白菜的分量），银带鱼500g

馅料：萝卜1个，细香葱100g，芥菜200g，水芹50g

配料：带鱼熬汤2杯，糯米糊2杯，辣椒粉1杯，干辣椒200g，蒜末1.75杯，姜末2大匙，鳀鱼粉1大匙，黑芝麻少许，烤盐少许

酱：带鱼液酱1杯，带鱼内脏酱1杯，虾酱1/2杯，生虾200g

制作方法

1 准备白菜：腌白菜清洗一次，沥水3h，使水分充分排出。

2 萝卜切丝：萝卜切粗丝，撒少许辣椒粉之后拌匀，使萝卜丝上色。

3 切细香葱、芥菜和水芹：分别摘掉杂乱的叶子，用流水洗净后捞出，沥水，分别以4cm的长度切段。

4 清理带鱼：带鱼用南瓜叶背面揉搓去鳞。切下头和尾洗净后，放进锅里用2杯水煮沸后熄火，放凉，取汤水备用。鱼身连同鱼骨切成手指粗细。

5 准备酱：生虾、虾酱、带鱼内脏酱剁碎。带鱼液酱里加入剁碎的虾、虾酱、带鱼内脏酱混合。

6 打磨干辣椒：辣椒剪蒂，剪成3等份，抖出辣椒籽，用水清洗后，泡20min使辣椒涨发。打磨机里加少许水，放入备好的辣椒打磨。

7 制作配料馅：所有配料和酱混合之后，加入带鱼、萝卜丝、细香葱、水芹、芥菜充分混合。味淡时加入烤盐调味。（制作糯米糊和海带汤的方法，参照28页。）

8 填馅料：在白菜叶之间铺平馅料后，整个泡菜用表叶包好收尾。白菜切面全部朝上，整齐地堆放在瓮器或泡菜盒子里。

9 熟成：常温中熟成1天后，放入冰箱储藏，2周后食用。

海鞘泡白菜

从海鞘肉中泡出舒爽海味的泡菜

准备

腌白菜10kg（5棵白菜的分量），海鞘嫩肉400g
馅料：萝卜1个，细香葱50g，芥菜100g，水芹70g
配料：辣椒粉2杯，海带汤2杯，糯米糊2杯，蒜末1.5杯，姜末1大匙，鳀鱼粉、烤盐各少许
酱：鳀鱼液酱1.75杯，虾酱1/2杯，生虾200g

制作方法

1 准备白菜：腌白菜清洗一次，沥水3h，充分排水。

2 切萝卜丝：萝卜切粗丝，撒少许辣椒粉之后拌匀，使萝卜丝上色。

3 切细香葱、芥菜和水芹：分别摘掉杂乱的叶子，用流水洗净后捞出，沥水，分别以4cm的长度切段。

4 清理海鞘：用剪刀剪掉海鞘头，海鞘汤水另外保存。取下内脏，用流水洗净后切成适口尺寸。

5 准备酱：生虾用淡盐水洗净，捞出沥水后剁碎。虾酱也剁碎备用。鳀鱼液酱里加入剁碎的虾和虾酱，充分混合。

6 制作配料馅：配料和酱充分混合之后，加入萝卜丝、细香葱、水芹、芥菜等充分混合。味淡时加入烤盐调味。加入预先保留的海鞘汤水拌匀。（制作糯米糊和海带汤的方法，参照28页。）

7 填馅料：白菜放在宽盘上，在白菜叶之间铺匀馅料后，用表叶包好整个泡菜、收紧。白菜切面全部朝上，整齐地堆放在瓮器或泡菜盒子里。

8 熟成：常温中熟成1天后，放入冰箱储藏，2周后食用。

辣椒籽老泡菜

用传统瓮器熟成6个月，蕴藏着深厚口味的泡菜

准备 腌白菜10kg（5棵白菜的分量）

馅料：萝卜1个，芥菜200g，细香葱100g

配料：矿泉水1杯，烤盐1/4杯，辣椒粉1杯，干辣椒100g，鳀鱼粉少许，辣椒籽1/2杯，蒜末1杯，生姜1大匙，海带汤1.5杯，糯米糊1/4杯，烤盐少许

酱：鳀鱼实料酱汤水1/4杯，鳀鱼液酱1杯，虾酱1/2杯

1-1

1-2

2

4

5

7

制作方法

1 **准备白菜：**白菜的腌渍方法同首尔·京畿式辣白菜（参照92页）。在使用腌白菜时，用流水清洗一次，覆在箩筐里放3h左右充分沥水。

2 **刨萝卜丝：**用刷子用力刷洗萝卜，用刀只刮掉脏物，用刨丝钢板刨丝。

3 **切细香葱和芥菜：**择掉杂乱的叶子，用流水洗净后捞出，沥水，分别以4cm的长度切段。水芹促使泡菜变酸，因此不加入水芹。

4 **准备酱：**虾酱剁碎，鳀鱼实料酱和鳀鱼液酱只取汤水备用。

5 **打磨干辣椒：**辣椒剪蒂，剪成3等份，抖出辣椒籽，用水清洗后，泡20min使辣椒涨发。打磨机里加少许水，放入备好的辣椒打磨。

6 **制作配料馅：**用1杯备用矿泉水化开盐，加入步骤2的萝卜丝、酱和其他配料，制成泡菜配料馅。加入细香葱、芥菜充分混合。味淡时加入烤盐调味。（制作糯米糊和海带汤的方法，参照28页。）

7 **填馅料：**白菜放在宽盘上，在白菜叶之间铺平馅料后，用表叶包好整个泡菜、收紧。由于萝卜丝等实料馅容易掉落，切记要像涂抹配料一样抹匀馅料。白菜切面全部朝上，整齐地堆放在瓮器或泡菜盒子里。

8 **熟成：**常温中熟成1天后，放入冰箱储藏，2周后食用。

小提示

在德沼峰屋里村庄，人们往地藏坛子里整齐地放入泡菜。为了避免接触空气，仔细封好口，再盖上盖子，上面覆盖稻草过冬。只要牢牢熟成6个月整，口味浓郁的老泡菜就完成了。直接食用也美味。用老泡菜炖猪肉或做泡菜酱汤，那辛辣的味道实在地道。发酵孔鳐配猪肉食用的菜系少不了老泡菜。老泡菜用水涮洗，包饭吃，吃出别样的美味。

海鲜包泡菜

搭配各种海鲜，泡制出舒爽口感

准备 白菜1棵（2.5kg） 腌白菜：水5杯，粗粒盐2/3杯 腌萝卜：粗粒盐2大匙 馅料：萝卜1/2个，梨1/2个，细香葱、芥菜各30g，蒜头2头，生姜适量 海鲜：章鱼100g，虾100g，小章鱼100g，鲍鱼2个 配料：细辣椒粉1大匙，海带汤、糯米糊各1/4杯，蒜末1/4杯，姜末少许，虾酱2大匙，鳀鱼粉少许，盐适量，白芝麻粒1大匙

坚果和其他蔬菜：银杏10个，松子适量，栗子、红枣各5个，辣椒丝适量，石耳适量，水芹20g

汤水：矿泉水2L，虾酱1.5大匙，细辣椒粉2大匙，梨汁1杯，萝卜汁1杯，生姜汁、蒜汁各少许，烤盐2大匙

制作方法

1 腌渍白菜：白菜底部留足够余地切断，叶片分别摘下腌渍。在备用水中化开全部的盐，白菜叶腌渍2h。用流水清洗三遍，用箩筐沥水。白菜心切成边长2cm的方片。

2 腌渍萝卜：萝卜切成与白菜相同的尺寸，撒盐后腌1h左右，捞到箩筐里挤干水分。

3 切材料：梨切成与萝卜相同的尺寸。栗子切片。红枣用刀剜出核，切成片。芥菜和细香葱分别以2cm的长度切段。用温水浸泡石耳，涨发后挤干水分，切成适口尺寸。蒜和生姜切成丝。

4 清理海鲜：小章鱼用盐搓洗，在沸水中焯一下，以1.5cm的长度切段。准备去皮虾仁，用水清洗后切片。章鱼切成小章鱼尺寸，用沸水焯一下。

5 焯水芹：水芹择掉叶子，只取茎用沸水焯一下。

6 制作配料馅：芝麻粒除外的配料材料充分混合之后，静置1h使辣椒粉涨发。之后加入馅料、海鲜和芝麻粒拌匀。虾酱剁碎，挤干水分后，只取汤水加入。（制作糯米糊和海带汤的方法，参照28页。）

7 用白菜叶包裹：水芹条呈十字形放在小碗里，上面以十字形放两张白菜叶，盛一勺馅料装入。

8 上坚果和其他蔬菜收尾：步骤7的材料上面放坚果和其他蔬菜，卷起白菜叶包好，用水芹条打十字结。

9 汤水的制作和浇淋：步骤6中挤出汤汁所剩的虾酱实料和虾酱1.5大匙，加入2L水中加热，煮沸之后放凉。其余的所有汤料，过筛后只取汤水加入放凉的汤里。味淡时用盐调味。用汤水浇淋泡菜。

10 熟成：常温里熟成半天，放入冰箱储藏，2周后取出食用。

小提示 没有辣味，鲜爽的海鲜包泡菜

加入各种海鲜，鲜爽味一流的泡菜，模样也漂亮。这是一款需投入很多功夫的高级泡菜，加上没有辣味，是男女老少皆宜的泡菜。更绝的是，适量的汤水还能饮用。由于泡菜含有海鲜，需多加蒜和姜。切记，姜、蒜需切片，防止汤水混浊。虽然汤水里含有姜、蒜汁，但这里的姜、蒜是过筛后加入的，故能保证汤水的洁净。

清曲酱辣白菜

一冬天的酱汤好料，幽香的珍味

准备 腌白菜10kg（5棵白菜的分量），清曲酱1kg

馅料：萝卜1个，松子200g，细香葱50g

配料：辣椒粉2.5杯，海带汤2.5杯，糯米糊2杯，蒜末2.5杯，姜末2大匙，鳀鱼粉2大匙，烤盐少许

酱：鳀鱼液酱1杯，虾酱1杯，粗粒盐少许

只要家中备保温电饭煲，在家也能做清曲酱。首先用清水洗净优质黄豆，再将黄豆用水完全浸泡12h，之后煮1~2h，去腥味。篮子里垫干净的稻草，煮熟的黄豆以3~4cm的厚度放入篮子里，上面再盖一层稻草，再用干净的塑料袋仔细包好，为了使空气流通，最好打一两个洞。将这个袋子放进电饭煲，保温2~3天，就会做出丝丝黏黏、发酵完美的清曲酱。一次做够，放入冰箱储藏，每次化开后使用，就会恢复原来的状态。

制作方法

1 **准备白菜**：白菜的腌渍方法同首尔·京畿式辣白菜（参照92页）。购入腌白菜后，用流水清洗一次，覆在箩筐里放3h左右，充分沥水。

2 **切萝卜丝**：用刷子用力刷洗萝卜皮，只用刀刮掉脏物，之后切粗丝。撒入少许辣椒粉拌匀，使萝卜丝上色。

3 **切细香葱**：细香葱摘掉杂乱的叶子，用流水洗净后捞出，沥水，以4cm的长度切段。水芹促使泡菜变酸，为此不加入水芹。

4 **制作配料馅**：辣椒粉、海带汤、糯米糊、蒜末、姜末、鳀鱼粉充分混合之后，制作成泡菜配料，再加入萝卜丝、细香葱、松子仔细混合。加入捣碎的细腻虾酱和鳀鱼液酱。味淡时用烤盐调味。（制作糯米糊和海带汤的方法，参照28页。）

5 **加入清曲酱**：备好的配料馅里加入清曲酱，均匀搅拌。过1~2h，等清曲酱入味分布均匀之后，给白菜夹馅。

6 **填馅料**：白菜叶之间铺平馅料，将整个泡菜用表叶包好、收紧。白菜切面全部朝上，整齐地堆放在瓮器或泡菜盒子里。

7 **熟成**：常温中熟成1天后，放入冰箱储藏1个月左右，泡菜会散发幽香。

小提示 只需加豆腐，便捷的泡菜清曲酱

在常温中熟成1天左右，再放入冰箱储藏1个月左右，幽香味美的清曲酱辣白菜就完成了。泡菜本身富含乳酸菌，加上清曲酱，可想而知，这款泡菜会有多健康。不仅如此，清曲酱辣白菜的口味幽香，除直接食用外，用来煮泡菜汤，你就会进一步了解它的价值。在忙碌时，不用备其他材料，将清曲酱辣白菜切入锅中，加入豆腐煮开，就可以轻松品尝幽香的清曲酱泡菜汤了。

整棵奶白菜

减少鱼酱和虾酱量，爽口、清凉感十足的夏季泡菜

准备 奶白菜1捆（6kg）

腌奶白菜：水3L，粗粒盐3杯

馅料：细香葱40g

配料：干辣椒150g，辣椒粉3/4杯，海带汤、糯米糊各1杯，蒜末1杯，姜末少许，鳀鱼粉少许，黑芝麻适量，烤盐少许

酱：鳀鱼液酱1杯，虾酱1/4杯

制作方法

1 腌渍奶白菜：奶白菜切断底部，摘下杂乱的表叶。备用的水中化开盐，白菜茎朝下，竖立浸泡在盐水中。过1h等茎部腌好，将白菜放倒，连叶子一同浸泡，继续腌1h。

2 白菜的清洗和沥水：充分腌好的白菜，用流水清洗四遍，洗掉盐分后，覆在箩筐里沥水。

3 切细香葱：择下细香葱杂乱的叶子，洗后沥水，以4cm的长度切段。

4 准备酱：捣碎的细腻虾酱和鳀鱼液酱混合，备用。

5 打磨干辣椒：辣椒剪蒂，用剪刀剪成3等份之后，抖出辣椒籽，用水洗净后泡发20min。打磨机里加水，打磨辣椒。

6 制作配料馅：所有配料材料仔细混合，制作成泡菜配料之后，加入细香葱充分混合。味淡时用烤盐调味。（制作糯米糊和海带汤的方法，参照28页。）

7 填馅料：白菜放在宽盘上，在白菜叶之间铺匀馅料后，用表叶包好整个泡菜、收紧。白菜切面全部朝上，整齐地堆放在瓮器或泡菜盒子里。

8 熟成：常温里熟成1天，放入冰箱储藏，20天左右后取出食用。

竹盐泡菜

不沾鱼酱，清淡舒心的泡菜

准备

腌白菜10kg（5棵白菜的分量）

馅料：细香葱100g，萝卜1个，梨1个

配料：不辣的辣椒粉1.5杯，细辣椒粉1/4杯，海带汤、糯米糊各1/2杯，蒜末1.5杯，姜末1大匙，鳀鱼粉1.5大匙，黑芝麻少许，鲜虾400g，竹盐1/4杯

制作方法

1 准备白菜：白菜的腌渍方法同首尔·京畿式辣白菜（参照92页）。如果是市售腌白菜，用流水清洗一次，覆在箩筐里放3h左右，充分沥水后备用。

2 切细香葱：择下细香葱杂乱的叶子，洗后沥水，以4cm的长度切段。

3 取萝卜丝：用刷子洗净萝卜，以适当尺寸切断，用刨丝钢板刨丝。

4 取梨丝：梨去皮去核，以适当尺寸切断，用刨丝钢板刨丝。

5 清理鲜虾：用淡盐水洗净鲜虾，沥水后切碎。

6 制作配料馅：备用配料材料充分混合之后，加入细香葱。梨丝和萝卜丝用纱布包好，用力挤，只取汁加入配料里，这样使泡菜显得洁净。分多次加入竹盐进行调味。（制作糯米糊和海带汤的方法，参照28页。）

7 填馅料：白菜放在宽盘上，在白菜叶之间铺匀馅料后，用表叶包好整个泡菜、收紧。白菜切面全部朝上，整齐地堆放在瓮器或泡菜盒子里。

8 熟成：常温里熟成1天，放入冰箱储藏，20天左右取出食用。

酱白菜

咸香味一流的佐餐泡菜

准备

黄心白菜或小白菜5棵

腌白菜：水5L，粗粒盐2.5杯

海带鳀鱼汤：水2L，10cm×10cm海带10张，鳀鱼1/4杯

配料：盐2.5杯，传统朝鲜酱油3杯，干辣椒5个，蒜100g，生姜50g，辣椒籽2.5杯

咸味酱菜是很好的夏季开胃菜。最好在泡菜季足量腌渍，吃到夏季。

制作方法

1 **腌渍白菜**：黄心白菜底部用刀划半，用手掰成2等份。备用水里化开盐，加入黄心白菜腌2~3h（本页以夏季为准，秋天腌4~6h，冬天腌10h以上）。腌好的黄心白菜用流水清洗三四次，捞到箩筐里沥水。

2 **制作海带鳀鱼汤**：海带用干抹布擦拭一遍，鳀鱼切掉头和内脏。备用水中加入海带和鳀鱼加热，煮沸后放凉备用。水开时熄火，过20min后，取出海带和鳀鱼，直接散热。如果有萝卜边角料，可一同煮汤。

3 **制作配料**：蒜、生姜、干辣椒切片，和酱油一同放入步骤2的材料中。

4 **装入瓮器**：腌渍白菜放入瓮器里，叠放整齐后，浇入备好的汤。用纱布袋封辣椒籽，泡入瓮器的中间部位。用白菜表叶盖好，撒盐后放入冰箱储藏。

5 **熟成**：11~12月腌渍，到第二年7~8月取出食用。

整棵泡黄心白菜

配料没有辣味，不仅是小朋友，连外国朋友也喜欢的泡菜

准备 黄心白菜2棵（2kg）

腌白菜：水2L，粗粒盐1杯

馅料：萝卜50g，细香葱20g，鲜虾20g，梨（小）1个

配料：不辣的辣椒粉2大匙，糯米糊1/4杯，海带汤1/4杯，鳀鱼粉1小匙，红椒末50g，蒜末50g，姜末10g，梅子原汁1大匙，白芝麻少许

酱：鳀鱼液酱1/4杯，虾酱（杂虾）2小匙

制作方法

1　腌渍白菜：黄心白菜底部用刀划半，用手掰成2等份。备用水里化开盐，加入黄心白菜腌2~3h（以夏季为准，秋天腌4~6h，冬天腌10h以上）。腌好的黄心白菜用流水清洗三四次，捞到箩筐里沥水。

2　打磨馅料：鲜虾用淡盐水洗净，捞出沥水后，和萝卜、梨、细香葱一同加入打磨机里打磨，备用。

3　制作配料：不辣的辣椒粉、海带汤、糯米糊、鳀鱼粉、蒜末、姜末、红椒末充分混合，制成泡菜配料后，加入磨好的萝卜、梨、细香葱、鲜虾、鳀鱼液酱和虾酱，拌匀。这时不使用鱼酱，而是用盐调味，加入梅子原汁调出甜味。最后加入白芝麻收工。（制作糯米糊和海带汤的方法，参照28页。）

4　填馅料：白菜放在宽盘上，在白菜叶之间铺平馅料后，整个泡菜用表叶包紧收尾。白菜切面全部朝上，整齐地堆放在瓮器或泡菜盒子里。

5　熟成：常温中熟成1天后，放入冰箱储藏，20天左右取出食用。

拌渍整棵奶白菜

开胃的夏季泡菜

准备 奶白菜3捆（5kg）

腌白菜：水5L，粗粒盐2.25杯

馅料：细香葱150g

配料汤：水2L，辣椒粉1/4杯，粗粒盐1.3小匙，糯米糊1杯，海带汤2杯，鳀鱼粉1小匙，打磨红椒1/2杯，打磨干辣椒1杯，蒜末1杯，姜末2大匙，白芝麻少许

酱：带鱼液酱1杯，虾酱（杂虾）2大匙

制作方法

1 清理奶白菜：选购新鲜的奶白菜，切掉根部和黄叶，大棵的奶白菜切半。用流水洗净后捞出，用箩筐沥水。

2 腌奶白菜：备用水中化开盐，将奶白菜浸泡在盐水中进行腌渍。腌1h左右，不必清洗，直接捞到箩筐里沥水。

3 制作配料汤：备用水中加入辣椒粉，均匀混合打磨红椒、打磨干辣椒、糯米糊、海带汤、蒜末、姜末、鳀鱼粉、带鱼液酱和虾酱。用盐调味之后，做好的配料汤过筛，只采用净汤。（制作糯米糊和海带汤的方法，参照28页。）

4 浇淋配料汤：奶白菜整齐地放进泡菜盒子里，浇入配料汤。

5 熟成：常温中熟成半天后，放入冰箱储藏，3~4天后取出食用。

四棵

白泡菜和水泡菜

泡菜又咸又辣，还有异味——看到泡菜时，有些人会对它产生这样的偏见。由于加入了辣椒和鱼酱，泡菜的基本口味是辣，基本香味是辛香。而作为泡菜材料的辣椒和鱼酱，在熟成的过程中，会徐徐散发出微妙的香气。这种香气，不在具体的某个材料，而是数种材料融合之后形成的。腌泡菜的瞬间，想象着过半个月、1个月之后，它将散发什么样的香气，这种期待，能让腌泡菜的作业变得趣味十足。如果你直到现在只吃过咸辣重口味的泡菜，那么，不妨尝尝白泡菜清淡的口味吧。松香味白泡菜或焕发甜椒色彩的白泡菜，足以证明料理的艺术。乡土色彩浓郁的水泡菜，能一五一十地展示出原材料具备的色香味。这种没有掩饰、纯朴的腌渍手法勾人兴致。

甜椒泡白菜

给淡雅的泡白菜平添华丽色泽的泡菜

准备 白菜3棵（6kg）

腌白菜：水10杯，粗粒盐1杯

馅料：甜椒6个（红、橙黄、黄），青椒2个，萝卜1/2个，细香葱30g，水芹20g，蒜头2头，生姜适量

配料：虾酱（杂虾）1/2杯，烤盐少许，黑芝麻少许

汤水：梨1个，水1L，矿泉水3L，糯米糊1.25杯，蒜末3杯，烤盐少许

2

3

4

5

6

制作方法

1 **腌渍白菜：**备用水中化开一半分量的盐，浸泡切半的白菜。过3h翻面一次，再过2h清洗、沥水。腌渍时间比整棵辣白菜要短。

2 **切馅料：**萝卜刷洗净，彩椒和甜椒剜出芯和辣椒籽，之后分别切成细丝。细香葱和水芹以3cm的长度切段。蒜和生姜切细丝。

3 **拌制馅料：**虾酱挤干，只取汁，和所有馅料一同拌匀。味淡时用盐调味。

4 **填馅料，用白菜叶包裹：**所有馅料拌匀之后加入黑芝麻调色。白菜放在宽盘上，在叶片之间放入拌好的馅料，用表叶包好，整齐地放进泡菜盒子里。用腌好的杂白菜叶盖好，以免接触空气，上面用石头压实。

5 **刨梨丝：**梨去皮去核之后，用刨丝钢板刨丝，用纱布包好，榨汁使用。

6 **制作汤水和浇淋：**拌制馅料时剩余的虾酱实料用1L水煮沸，放凉。3L矿泉水里，加入过筛的虾酱实料汤进行搅拌。过筛加入蒜末、梨汁和糯米糊。味淡时用盐调味。为了使汤水澄清，经再次过筛后倒入步骤4的材料中。（制作糯米糊的方法，参照28页。）

7 **熟成：**常温中熟成1天，放入冰箱储藏，10天后食用。

小提示

切整段、装盘的泡白菜，叶片间探出的彩椒馅，使泡菜看上去洁净而高贵。散发彩椒香气的汤水，还能品出别样的滋味。为了突出洁净感，酱中只选虾酱，汤水也经多次过筛，突出澄净、清雅的口味。用于泡白菜的白菜，需选用2kg左右、尺寸不大、内芯发黄的才好吃。选用表叶特别绿的白菜，不仅味美，切段上菜时，色泽也漂亮。与含辣椒的泡菜相比，泡白菜容易熟，也容易变酸。为此，选用小尺寸的白菜，一顿取一段全部吃完，不剩菜，才能保持洁净和美味。

辣椒籽泡白菜

丝丝辛辣与甜蜜汤水相配，干净的泡菜

准备 白菜3棵（6kg），辣椒籽1/4杯，萝卜1个，细香葱100g

腌白菜：水10杯，粗粒盐1杯

配料：糯米糊1杯，海带汤1杯，蒜200g，生姜少许，鳀鱼粉少许

酱：鳀鱼液酱1杯，鳀鱼实料酱汤2大匙，虾酱（杂虾）汤1/2杯

制作方法

1　腌渍白菜：白菜底部入刀切半，用手掰开。备用水中化开一半分量的盐，白菜叶之间洒入盐水淋湿后取出。取出来的白菜，菜帮部分层层撒上盐。准备大泡菜盒子，将撒盐的白菜切面朝上整齐叠放之后，浇淋剩余的盐水。3h后，调换白菜的上下位置，翻一次面，继续腌3h。选出干净的表叶一同腌渍，用作覆盖叶。

2　白菜洗净、沥水：腌好的白菜用流水洗四遍，排掉盐分后覆在箩筐里沥水。

3　清理萝卜和细香葱：萝卜清理茎部，用刷子刷洗，捞出，用刨丝钢板刨丝。细香葱洗净，以3~4cm的长度切段。

4　准备辣椒籽：如果家中备有清洗后晒干的辣椒籽，可直接使用；如果是新辣椒籽，用水清洗后沥水。

5　制作配料：蒜和生姜切成细丝，加入剩余的配料、萝卜丝、细香葱、辣椒籽，并加入酱一同混合。（制作糯米糊和海带汤的方法，参照28页。）

6　涂抹配料：白菜叶之间涂抹配料，使辣椒籽分布均匀。用白菜表叶包好，整齐地放入泡菜盒子里。用腌好的白菜表叶覆盖，以免接触空气。

7　熟成：在常温中熟成1天之后，放入冰箱储藏，2周后开始食用。

小提示　辣椒籽泡白菜，是越熟成越能散发辛辣、幽香味道的泡菜，即使不放辣椒粉，也蕴藏着天然的辛香，有助于开胃。配料含海带汤和糯米糊，白菜会自然渗出水分，因此不必另外制作汤水。熟成之后会形成适量汤水，达到最佳食用状态。这款泡菜在泡白菜中，属于鱼酱口感浓厚的泡菜，可用鳀鱼内脏酱代替鳀鱼实料酱。如果泡白菜味咸，可将萝卜切成大片，夹入叶片之间。在熟成的过程中萝卜会吸盐，能调节泡菜的咸味。

白包泡菜

用水果替代辣椒粉和海鲜，口味甜蜜的泡菜

准备

白菜1棵（2kg）

腌渍白菜：水5杯，粗粒盐2/3杯

馅料：萝卜1/2个，粗粒盐2大匙，梨1/2个，细香葱、芥菜各30g，蒜3个，苹果1个

配料：海带汤、糯米糊各1/4杯，鳀鱼粉、烤盐各少许，白芝麻粒1大匙

坚果和其他材料：红枣5个，辣椒丝适量，银杏10个，松子适量，栗子5个，水芹20g

汤水：矿泉水2L，虾酱汤1大匙，梨汁1杯，萝卜汁1杯，生姜汁、蒜汁各少许，烤盐2大匙

制作方法

1 腌渍白菜：白菜底部留足够余地切断，摘下叶子进行腌渍。备用水中化开盐，白菜叶浸泡2h。用流水洗三遍，用箩筐沥水。取出白菜心，切成边长2cm的方片。

2 腌渍萝卜：萝卜切成白菜尺寸，撒2大匙盐进行腌渍，1h后用箩筐沥水，在入馅料之前用手压实，挤掉剩余水分。

3 切材料：苹果和梨切成萝卜尺寸。芥菜和细香葱分别以2cm的长度切段。蒜切丝。栗子切片。红枣取核之后切成方形。

4 焯水芹：水芹摘掉叶子，只取茎用沸水焯一下。

5 拌制馅料：备好的材料混合之后，加入配料拌制。用盐调味。（制作糯米糊和海带汤的方法，参照28页。）

6 填馅料，用白菜叶包裹：在小盘里以十字形垫水芹条，上面以十字形放两张白菜叶。加满馅料，放上坚果和其他材料之后，卷起白菜叶覆盖、包裹。用水芹条绑好，打十字结。

7 制作汤水和浇淋：矿泉水里加入过筛的汤料，味淡时用盐调味。步骤6的泡菜装盒，浇入汤水熟成。

老南瓜泡白菜

低调的南瓜色，朴素的泡菜

准备

白菜3棵（6kg）
腌白菜：水10杯，粗粒盐1杯
馅料：老南瓜400g，粗粒盐1大匙，水芹50g，细香葱30g，切丝蒜100g
配料：糯米糊1/2杯
酱：虾酱汤1大匙
汤水：水2杯，矿泉水5L，海带汤1杯，梨汁1杯，蒜汁1大匙，虾酱1/4杯，盐少许

制作方法

1 腌渍白菜：备用水中化开盐，浸泡白菜。3h后翻一次面，继续腌2h，用水涮洗，沥水。

2 准备老南瓜：老南瓜去皮、去籽之后，切丝。撒1大匙盐，腌30min，不过水，直接捞出沥水。

3 切馅料：水芹和细香葱以3~4cm的长度切段，蒜切细丝。

4 拌制馅料和填馅：备好的馅料中只加糯米糊和虾酱汤拌匀。白菜叶之间夹入拌好的馅料，用表叶包好，整齐地装入泡菜盒子。（制作糯米糊和海带汤的方法，参照28页。）

5 煮虾酱：虾酱连料带汤用2杯水加热，煮沸后放凉。

6 汤水的制作和浇淋：在矿泉水容器上面放筛子，将备好的汤料和放凉的虾酱汤水过筛入汤，净汤浇入泡菜盒子里。

7 熟成：在常温中熟成1天之后，放入冰箱继续熟成。

小提示 老南瓜泡白菜是忠清道地区的特色菜。由于馅料中含黄色的南瓜，上盘后的泡菜，看上去温馨而朴素。加入糯米糊，更能品味舒爽的清凉感。但糯米糊的量不宜过多，否则会导致泡菜加速变酸。

鸡冠花泡白菜

以色泽优美的红色鸡冠花原汁为天然染料制成的汤水泡菜

准备 白菜3棵（6kg）

腌白菜：水10杯，粗粒盐1杯

馅料：萝卜1个，细香葱50g，水芹100g，梨1个，蒜10个，生姜适量，石耳5张，栗子10个，红枣10个，辣椒丝适量

配料：虾酱（肉酱）汤1/4杯，烤盐适量

汤水：水2杯，鸡冠花原汁5大匙，矿泉水5L，梨汁1杯，萝卜汁1杯，蒜汁2大匙，盐少许，虾酱1/4杯

1-1

1-2

2

4

5

制作方法

1 **腌渍白菜：**备用水中化开盐，白菜一分为二，腌渍白菜。3h后翻面一次，继续腌2h后涮洗，沥水。

2 **准备馅料：**萝卜、梨、蒜、生姜、栗子切成细丝。细香葱和水芹以3~4cm的长度切段。石耳用温水泡发，去掉脏物之后切成细丝。红枣用刀剜出核，切成细丝。

3 **拌制馅料和填馅：**备好的材料混合在一起，加入虾酱汤和盐拌匀。在宽盘子里放白菜，白菜叶之间夹入馅料之后，用表叶包好，整齐地放进泡菜盒子里。

4 **煮虾酱：**虾酱连料带汤用2杯水加热，煮沸后放凉。

5 **汤水的制作和浇淋：**矿泉水中加入备好的汤料和煮沸放凉的虾酱汤水，过筛后取净汤，浇入泡菜盒子里。用力挤干鸡冠花原汁，只取汁浇入泡菜中。

6 **熟成：**在常温中熟成1天，放入冰箱储藏，10天后开始食用。

小提示

白泡菜或片泡菜为了突出清香味，偶尔会加入天然染料调色。9月底至10月之间，在德沼峰屋里村庄，人们用采集的鸡冠花制成鸡冠花原汁。将鸡冠花洗净，放在箩筐里沥水，取等量砂糖浸泡鸡冠花，在1年之内，每逢汤水泡菜调色时，取其染色。还有种快速做法：鸡冠花用刨丝钢板打磨之后，用纱布包好挤汁使用。梅子原汁或鸡冠花原汁，是用砂糖浸泡，熟成3个月以上而制成的。在熟成期间，砂糖的有害物质会全部分解和消失，因此可放心使用。

松茸泡白菜

野生松茸的幽深香味，余香袅袅的泡菜

准备 白菜3棵（6kg）

腌白菜：水10杯，粗粒盐1杯

馅料：松茸150g，石耳20g，萝卜1个，梨1/2个，栗子2个，红枣3个，细香葱50g，水芹25g，蒜50g，生姜10g

配料：虾酱（肉酱）1大匙，鳀鱼粉少许，烤盐适量，黑芝麻少许

汤水：水4杯，矿泉水1.5L，糯米糊1杯，海带汤1杯，萝卜1/2个，梨1/2个，蒜末2大匙，姜汁少许，虾酱1大匙，盐少许

制作方法

1 **腌渍白菜：**备用水中化开盐，白菜从中间切开，腌渍白菜。3h后翻面一次，继续腌2h后涮洗，沥水。比辣白菜的腌渍时间要短。

2 **切石耳和松茸：**松茸用刷子轻轻刷洗，去掉脏物之后切成细丝。石耳泡水挤干后切成细丝。

3 **切馅料：**萝卜用刷子刷洗干净后切成细丝。细香葱和水芹以3cm的长度切段。蒜、生姜、栗子、梨也切成细丝。红枣剜出核之后切成花形。

4 **拌制馅料：**清理过的萝卜、松茸、石耳中混合其他馅料。虾酱（配料）挤干后，只取汤汁和剩余的配料一同放入馅料拌制。味淡时用盐调味。

5 **填馅料，用白菜叶包裹：**馅料全部拌匀后，在白菜叶之间夹入拌好的馅料，用表叶包好，整齐地放入泡菜盒子里。覆盖腌过的白菜杂叶，以免接触空气，上面压石头。

6 **梨和萝卜（汤料）刨丝：**梨去皮去核，用刨丝钢板刨丝。萝卜清理后用刨丝钢板刨丝。馅料和汤料分开准备。

7 **制作汤水和浇淋：**拌制所剩的虾酱实料，用4杯水煮沸，放凉。备用矿泉水里加入过筛的虾酱汤水，蒜末、梨汁、萝卜汁、糯米糊、姜汁、海带汤过筛加入。味淡时用盐调味。为了取得纯净的汤水，最后再过一次筛。将汤水浇入泡菜里。（制作糯米糊和海带汤的方法，参照28页。）

8 **熟成：**常温中熟成1天后，放入冰箱储藏，过半个月取出食用。

小提示　散发幽香的松茸泡白菜

中秋时分，我会抽一天时间去逛京东市场。京东市场，我几乎每三天去一趟，而这一天的脚步尤其轻快，因为这一天要购买松茸泡白菜用材。选购菌盖结实、菌柄修长的松茸。腌松茸泡白菜的一整天，操作间会弥漫着松茸的清香。松茸用刀轻轻修刮，切成细丝后，加上石耳和香菇制作成馅料，做出来的松茸泡白菜，虽谈不上华丽，却在低调中彰显着高贵的气质。在平时，峰屋里以赠送泡菜闻名，而送给亲朋好友的中秋节礼品，必须是我亲手腌渍的松茸泡白菜。为了使亲友们在中秋节当天品尝到美味的泡菜，需提前20天腌渍泡菜。中秋节过后的几天时间，当亲友们接二连三道谢说泡菜很好吃的时候，我会越发由衷地感到选择腌泡菜值了。

辣椒水泡小萝卜

汤水翠绿，色泽优美的夏季泡菜

准备 小萝卜3捆（4.5kg），细香葱100g

腌小萝卜：水3L，粗粒盐1杯

汤水：矿泉水5L，海带汤3杯（7cm×7cm海带1张，水3杯），青辣椒15个，辣椒籽1大匙，梨1个，面糊3杯（面粉2大匙，水3杯），蒜末1杯，姜末1大匙，烤盐1/4杯

鱼酱：鳀鱼液酱3大匙

1

2-1

2-2

6

8

9

制作方法

1 清理小萝卜：小萝卜去掉打蔫的表叶，饱满的萝卜用刀刮皮后，用流水洗净，沥水。

2 腌渍小萝卜：备用水中化开盐，加入小萝卜腌渍。过20min左右，翻面继续腌10min左右，打蔫后捞到箩筐中沥水。如果用水清洗，小萝卜会失去香气，因此直接捞出沥水。

3 清理细香葱：细香葱用流水洗净后捞出，沥水。洗净的1~2根小萝卜，配1根细香葱，结编成团。

4 煮面糊：面粉加水冲好，煮沸后熄火，到盛起时淅淅沥沥滑落的浓度时，放凉。

5 煮海带汤：用3杯水煮沸海带汤，等汤入味时熄火。20min后取出海带，汤水放凉。

6 打磨青辣椒：青辣椒去蒂，取出一半辣椒籽，用打磨机打磨。打磨时加少量海带汤，会更加柔滑。

7 取梨汁：梨去皮去核，用刨丝钢板刨丝。用纱布包裹好挤汁，只采用净梨汁。

8 制作汤水：矿泉水中加入烤盐，用鳀鱼液酱调味。蒜末、姜末、面糊、海带汤过筛，取汁与汤水混合，再加入梨汁。最后加入打磨好的青辣椒和辣椒籽。

9 装盒，浇汤水：用做好的汤水浸泡小萝卜，泡1h入味。入味之后，取1根小萝卜和细香葱扭编，装入泡菜盒子里，浇入适量汤水。

10 熟成：在常温中熟成半天，放入冰箱储藏，10天后开始食用。

小提示 水泡小萝卜里加入打磨好的青辣椒，尝一口翠绿的汤水，不由感叹它的丝丝辛辣。辣椒籽不要全部抖出，留一些与青辣椒一同打磨，不仅不显得杂乱，看上去还很好吃。选用夏末熟辣的青辣椒，辣度适中；一般青辣椒和青阳辣椒（最辣）混合打磨，效果也不错。

水泡夹心黄瓜

加入脆脆的土豆丝，整洁而舒爽的泡菜

准备

黄瓜10个
腌黄瓜：水10杯，粗粒盐1/2杯
腌土豆：水1杯，粗粒盐1小匙
馅料：土豆200g，胡萝卜50g，梨1个，红椒4个，青椒4个，盐少许，水芹100g，蒜3个，生姜适量
配料：盐少许，面糊1大匙，黑芝麻1大匙
汤水：矿泉水5杯，面糊1/2杯（面粉1小匙，水1/2杯），海带汤1杯，蒜末1小匙，梨1个，烤盐1大匙

制作方法

1 腌渍黄瓜：黄瓜用盐搓洗，用流水洗净。备用水中化开盐之后浸黄瓜，腌1h。腌到软嫩的黄瓜，用流水洗净后捞起，沥水之后，切段成4等份，分别划3刀。

2 腌渍土豆：土豆去皮，切成细丝。备用水中化开盐，腌一下土豆丝，涮洗后捞起。

3 切馅料：胡萝卜切细丝。红椒和青椒抖出辣椒籽，按胡萝卜丝尺寸切丝。梨去皮去核后切丝。水芹以青椒尺寸切丝。蒜和生姜切成细丝。

4 制作面糊：1/2杯水中加入1小匙面粉，煮成面糊，放凉。

5 馅料的拌制和填料：土豆丝、胡萝卜丝、梨丝、红椒丝、青椒丝、水芹、蒜丝、姜丝中加入盐、面糊和黑芝麻进行拌制。打开黄瓜填馅。

6 汤水的制作和浇淋：混合备用材料，制成汤水。挤蒜末，只取汁加入。泡菜盒子里装夹心黄瓜，浇淋汤水。去皮去核的梨切成4等份，放在汤水上面。味淡时用盐调味。（制作海带汤的方法，参照28页。）

7 熟成：在常温中熟成半天，放入冰箱储藏，1周后食用。

小麦粥水泡小萝卜

加入小麦粥或捣碎的小麦饭腌渍的质朴泡菜

准备

小萝卜3捆（4.5kg），奶白菜3捆（3kg）

腌小萝卜和奶白菜：水6L，粗粒盐2杯

配料：干辣椒150g，红椒100g，细香葱25g，蒜末1/2杯，姜末1大匙

酱：虾酱1/2杯

汤水：矿泉水5L，盐5大匙，小麦粥1杯（小麦1大匙，水2/3杯）

制作方法

1 腌渍小萝卜和奶白菜：小萝卜择掉叶子，用流水洗净。3L水化开1杯盐，加小萝卜浸泡。20min之后翻面，继续腌渍，打蔫时捞到箩筐里沥水。同样制作盐水腌渍奶白菜。

2 切小萝卜和奶白菜：小萝卜和奶白菜分别以7cm的长度切段。

3 打磨辣椒：干辣椒剪蒂，用剪刀剪开，抖出辣椒籽，泡发20min。红椒剪蒂，抖掉籽。打磨机里加入干辣椒和红椒进行打磨。

4 切细香葱：细香葱用流水洗净，捞起，以4cm的长度切段。

5 煮小麦粥：小麦洗净，捞到箩筐里，涨发30min后，浇入备用水煮粥。充分煮熟后放凉，用打磨机打磨。

6 制作配料：将打磨的辣椒、细香葱、蒜末、姜末和捣碎的虾酱混合。

7 拌制：配料里加入小萝卜和奶白菜，拌匀后装入泡菜盒子里。

8 汤水的制作和浇淋：矿泉水中混合小麦粥，用盐调味后浇入泡菜盒子里。

9 熟成：在常温中熟成半天，放入冰箱储藏，1周后食用。

泡香瓜片

用甜蜜的香瓜和芳香的白菜心腌渍的清淡泡菜

准备

白菜心500g，萝卜1/2个，香瓜2个，细香葱100g
腌白菜：水2杯，粗粒盐1/4杯
腌萝卜：盐1/4杯
腌香瓜：盐1小匙
汤水：矿泉水2L，蒜末1/4杯，姜末1小匙
酱：虾酱1/4杯

制作方法

1 腌渍白菜：选用白菜黄心，用流水洗净后捞起，沥水。备用水中化开盐，白菜叶腌1h。用流水涮洗两遍，沥水之后切成厚0.3cm的正方形片（2cm×2cm）。

2 腌渍萝卜：用刷子等工具刷洗萝卜，沥水后切成白菜尺寸，用备用的盐腌一下，用箩筐沥水。

3 切香瓜：保留香瓜皮，去净香瓜籽，以萝卜尺寸切开。撒盐腌30min后，用水涮洗，沥水。

4 切细香葱：细香葱洗净，撒少许盐腌一下，捞起沥水，以丝带形状打结。

5 汤水的制作和浇淋：1L矿泉水中加入虾酱，煮沸后放凉。水煮虾酱、蒜末、姜末混合之后过筛，加入剩余的矿泉水中混合。味淡时用盐调味。泡菜盒子里装白菜、萝卜、香瓜，浇入汤水之后，放入细香葱。

6 熟成：在常温中熟成时间过长，香瓜容易烂，注意控制时间。

一般情况下，片状泡菜会用生水兑虾酱调味，而在使用香瓜时，只有减弱腥味，才能品出香瓜的香气。因此，调料需烧开使用。

泡青阳辣椒

辣丝丝的辣椒香，开胃的维生素泡菜

准备

小萝卜3捆（4.5kg），青阳辣椒10个，青椒3个，红椒5个，细香葱100g，蒜5个

腌小萝卜：水3L，粗粒盐1杯

汤水：矿泉水5L，辣椒粉100g，梨1个，糯米糊1杯（糯米粉1大匙，水1.5杯，豆浆1大匙），蒜末1杯，姜末1大匙，烤盐3大匙

鱼酱：鳀鱼液酱3大匙

制作方法

1 腌渍小萝卜：去掉杂乱的小萝卜叶子，用流水洗净后捞起，沥水之后以7~8cm的长度切段。备用水中化开盐，加入小萝卜浸泡。过20min左右翻面，继续腌渍。过10min左右，打蔫时捞到箩筐里沥水。

2 煮糯米糊：糯米粉用1/2杯水泡开。1杯水煮沸时，在沸水中加入冲好的糯米粉和豆浆，煮成糯米糊后放凉。

3 切青阳辣椒：剪蒂，以圆形切段，去籽。

4 切青椒、红椒和蒜：青椒和红椒斜切后去籽，蒜切片。

5 切细香葱：细香葱用流水洗净后捞起，沥水之后以4cm的长度切段。

6 梨刨丝：梨去皮去核之后，用刨丝钢板刨丝，然后榨汁。

7 汤水的制作和浇淋：用矿泉水化开盐，用鳀鱼液酱调味。辣椒粉、蒜末、姜末、梨汁、糯米糊过筛的同时与汤水混合。泡菜盒子里加入小萝卜和细香葱，再倒入汤水，青阳辣椒、青椒、红椒、蒜片加入盒子里。

8 熟成：常温中熟成半天，放入冰箱储藏，1周过后食用。

苹果片泡菜

无辣香甜，利于产妇、病人或孩子的泡菜

准备

白菜心500g，萝卜1kg，苹果2个

腌白菜：水2杯，粗粒盐1/4杯

腌萝卜：粗粒盐1/4杯

汤水：矿泉水3L，虾酱1/4杯，蒜末1/2杯，姜末2小匙，烤盐3大匙

制作方法

1 腌渍白菜：选用白菜黄心，用流水洗净后捞出，沥水。备用水中化开盐，放入白菜腌1h左右。用流水涮两遍，沥水后切成厚0.3cm的正方形片（2cm×2cm）。

2 腌渍萝卜：萝卜用刷子刷洗，沥水后切成白菜尺寸，撒1/4杯盐腌一下，用箩筐沥水。

3 切苹果：苹果去皮去核，以萝卜尺寸切片。

4 汤水的制作和浇淋：1L矿泉水中加入虾酱加热，煮沸后放凉。剩余的矿泉水中加入过筛的虾酱汤、蒜末和姜末，味淡时用盐调味。泡菜盒子里装入白菜、萝卜和苹果，浇入汤水。

5 熟成：由于是含水果的泡菜，常温中只熟成半天，再放入冰箱里储藏食用。

小提示 苹果片泡菜，是忠清道地区的人们爱吃的泡菜。由于它没有辣味，孩子、不喜欢刺激性食物的人群、产妇、肠胃病病人都可以放心食用。这款泡菜上庆宴饭局也很体面。为了压制腥味，虾酱最好煮开使用。

泡黄瓜生参

散发微苦生参香气的高级水泡菜

准备

黄瓜5个，生参1根

腌黄瓜：水1L，盐1/2杯

馅料：萝卜200g，红椒、青椒各2个，蒜2个，细香葱5根，辣椒丝少许

汤水：矿泉水2L，梨1/2个，红枣2个，烤盐2大匙

鱼酱：鳀鱼液酱2大匙

制作方法

1 腌渍黄瓜：黄瓜用盐搓，用流水洗净。备用水中化开盐，放入黄瓜腌1h左右。软嫩的黄瓜用流水洗净，捞出沥水。切段成4等份，用刀划开十字。

2 切萝卜丝：萝卜用刷子刷洗后，以5cm的长度切细丝。

3 青椒、红椒切丝，红枣剜出核：青椒和红椒去籽，以萝卜丝长度切细丝。红枣剜出核。

4 生参、蒜切丝：生参整理细毛后，以青椒长度切成细丝。蒜也切丝。

5 腌细香葱：细香葱洗后撒盐，轻腌一下捞到箩筐里沥水，每一根茎如丝带般绑好。

6 填馅料：萝卜丝、青椒丝、红椒丝、生参丝、蒜丝、辣椒丝混合之后，加入鳀鱼液酱拌匀，填入黄瓜的缝隙中。

7 汤水的制作和浇淋：泡菜盒子里放入夹心黄瓜，矿泉水中化开盐，浇入盒子里。梨去皮去核，切成4等份，放在上面。然后放入细香葱和整颗红枣。

8 熟成：常温中熟成半天，再放入冰箱直接食用。

泡芜菁片

享受芜菁特有的微苦香气和其紫色表皮带来的色感的清淡泡菜

准备 芜菁2.5kg，梨1/2个，细香葱100g

腌芜菁：粗粒盐1/2杯

汤水：矿泉水2L，糯米糊3/4杯，虾酱1/4杯，葱须20g，辣椒籽1大匙，红枣5个，蒜头1头，生姜适量

1

2

3

4

5

制作方法

1　**腌渍芜菁：**芜菁切掉茎部，清除根和杂毛之后，用刷子刷落泥土，然后清洗。以2cm×2cm×0.3cm的尺寸切片，撒盐腌渍1h后，放在箩筐里沥水。

2　**准备梨：**梨用流水洗净，保留皮，只去核之后切成4等份。

3　**切细香葱：**去掉细香葱的蔫叶，用流水洗净后捞出，沥水，以3cm的长度切丝。

4　**切蒜、生姜和红枣：**蒜和生姜去皮，洗净后切薄片。红枣剜出核，切成片。

5　**清洗辣椒籽：**在冬储季生产的辣椒籽，晒干后存放在冰箱里，使用时用水清洗一遍，沥水。

6　**制作汤水：**矿泉水容器上面摆笊篱，筛取糯米糊和虾酱与矿泉水混合。味淡时用盐调味。（制作糯米糊的方法，参照28页。）

7　**装盒，汤料放入纱布袋：**泡菜盒子里加入芜菁、梨、细香葱，再浇入汤水。纱布袋里加入辣椒籽、蒜片、姜片、葱须，封好口放入汤水中。食用时，泡菜装入盘子里，上面漂一片红枣。

8　**熟成：**室温里熟成2天左右，再放入冰箱储藏，10天后取出食用。

小提示　保留芜菁独特的淡紫色皮，腌出芜菁的原汁原味。不加其他辅材，只使用芜菁，才能突出清淡的原味。腌渍芜菁时，不必腌过久，腌到打蔫的程度即可。如果芜菁水分流失过多，会影响口感，所以要尽可能保留芜菁天然的香气与质感。可选质嫩的叶子一同腌渍。

生参片泡菜

不经熟成，吃出生参新鲜香气的泡菜

准备

白菜1棵（2kg），萝卜1个，生参200g，黄甜椒1个，红椒10个

腌白菜：水4杯，粗粒盐2/3杯

腌萝卜：粗粒盐1/4杯

汤水：矿泉水4L，梨1个，细香葱100g，蒜末200g，海带汤4杯，糯米糊1/2杯，烤盐4大匙

酱：虾酱1大匙，鳀鱼液酱1大匙

制作方法

1 腌渍白菜：用流水洗净白菜，捞出沥水。水中化盐，浸泡白菜叶，腌1h左右。白菜在流水中涮洗两遍，沥水后切成厚0.3cm的正方形片（2cm×2cm）。

2 腌渍萝卜：萝卜以与白菜相同的尺寸切片之后，撒入1/4杯盐，腌2h左右，捞到箩筐里沥水。

3 清理生参：准备4年以上的生参，用水洗净后切片。

4 清理黄甜椒和红椒：黄甜椒和红椒用水洗净，沥水，去蒂之后抖出辣椒籽，切片。

5 腌渍细香葱：细香葱洗后撒盐，轻腌一下，像丝带般捆好。

6 梨刨丝：梨去皮去核之后，用刨丝钢板刨丝。

7 拌制：白菜、萝卜、生参、黄甜椒、红椒里加入虾酱和鳀鱼液酱，拌匀。

8 汤水的制作和浇淋：矿泉水容器上面摆一个细筛，蒜末、糯米糊、梨过筛，只取汁与矿泉水混合。加入海带汤搅拌，加入细香葱。味淡时用盐调味。将做好的汤水浇到泡菜中。（制作糯米糊和海带汤的方法，参照28页。）

9 熟成：常温中熟成半天，放入冰箱储藏，也可直接食用。

甜椒片泡菜

以色彩艳丽的各色甜椒吸引眼球的华丽泡菜

准备

白菜1棵（2kg），萝卜1个，彩椒（红、黄、朱黄）6个，甜椒2个，细香葱100g

腌白菜：水4杯，粗粒盐2/3杯

腌萝卜：粗粒盐1/4杯

汤水：矿泉水3L，梨1个，蒜末1/2杯，姜末2小匙，烤盐少许

酱：虾酱1/4杯

制作方法

1 腌渍白菜：用流水洗净白菜，捞出沥水。水中化盐，浸泡白菜叶，腌1h左右。白菜在流水中涮洗两遍，沥水后切成厚0.3cm的正方形片（2cm×2cm）。

2 腌渍萝卜：萝卜洗净后，以与白菜相同的尺寸切片，撒入1/4杯盐，稍腌一下，捞到箩筐里沥水。

3 腌渍细香葱：细香葱用流水洗净后撒盐，轻腌一下，像丝带般绑好。

4 切甜椒和彩椒：甜椒和彩椒分别洗净，去蒂，切半抖出辣椒籽，再以白菜尺寸切片。

5 汤水的制作和浇淋：1L矿泉水中加入虾酱，煮沸后放凉。梨去皮去核之后，用刨丝钢板刨丝。2L矿泉水上面摆一个筛子，蒜末、姜末过筛，取汁入汤。预先煮好的虾酱汤和刨好的梨过筛，只取净汤混合。

6 装入盒子：泡菜盒子里加入白菜、萝卜、甜椒、彩椒，浇入汤水，放入细香葱。

7 熟成：常温中熟成半天，放入冰箱储藏，也可直接食用。

山葡萄片泡菜

加入青蓝色山葡萄汁，色泽独特的泡菜

准备 白菜500g，萝卜1/2个，细香葱100g，水芹50g

腌白菜：水4杯，粗粒盐2/3杯

腌萝卜：粗粒盐1/4杯

汤水：水1L，矿泉水1L，烤盐2大匙，蒜末3大匙，姜末1小匙，山葡萄300g

酱：虾酱3大匙

在韩国京东市场，有几家卖石榴、山草莓等特色水果的店铺，山葡萄也可以在这里购买。

制作方法

1 **腌渍白菜：**用流水洗净白菜之后，捞出沥水。备用水中化开盐，放入白菜叶腌1h左右。白菜叶用流水涮洗两遍，沥水之后切成厚0.3cm的正方形片（2cm×2cm）。

2 **腌渍萝卜：**萝卜在流水中用刷子等工具刷净、沥水后，以与白菜相同的尺寸切片，撒入备用盐，轻腌一下，捞到箩筐里沥水。

3 **腌渍细香葱：**细香葱用流水洗净后撒少许盐，轻腌一下，用箩筐沥水后，像丝带般绑好。

4 **切水芹：**水芹摘掉叶子，只取嫩茎，用流水洗净，捞起沥水，以4cm的长度切段。

5 **煮虾酱汤：**虾酱用1L矿泉水煮沸，放凉。

6 **榨山葡萄汁：**用流水洗净山葡萄，捞出沥水之后，连皮捣碎，过细筛，只取汁。

7 **汤水的制作和浇淋：**1L水中加入过筛的虾酱汤、蒜末、姜末进行混合，加入山葡萄汁调色。味淡时用盐调味。泡菜盒子里装入白菜、萝卜、水芹、细香葱，浇入汤水。

小提示　色为首，香在后——山葡萄片泡菜

德沼峰屋里村庄山坡头，有几株山葡萄树。那里埋藏着熟成老泡菜的坛子。一到秋季，为了准备冬储泡菜，需预先检查坛子，看瓮器有没有破损，去掉卤水的盐坛子是否完好。在这段时间里，映入眼帘的，正是熟到黑紫的山葡萄串。用手一捏，山葡萄渗出红到蓝绿的葡萄汁，悄悄放进嘴里，散发着隐约的甘甜。看着沾在手上的葡萄汁，心想着把它加入泡菜里应该不错，于是取来腌渍片泡菜，结果真的做出了超美的泡菜。从那以后，做白泡菜和片泡菜，会经常使用山葡萄汁。

酱泡菜

用酱油调味，与年糕汤绝配的宫廷泡菜

准备 白菜2kg，萝卜1/2个，酱油1杯，梨1个，栗子10个，香菇5片，石耳3片，芥菜100g，水芹50g，细香葱30g，蒜头1头，生姜适量，辣椒丝少许，松子1大匙

汤水：矿泉水3L，烤盐适量

不含辣椒粉和鱼酱的酱泡菜，名副其实，只用酱油调味。洁净，清淡，加上酱油特有的甘味，十分开胃。对于不爱辣味的孩子或老人，这款泡菜最适合。它主要在节庆日腌渍食用，和年糕汤特别协调。不必熟成很久，每逢食用时在泡菜上面放上松子和水芹，味道加倍芳香。作为宫廷泡菜，其中加入了足量的石耳、栗子片、梨片，一眼看去贵气十足，是节庆宴客佳菜。

制作方法

1 **腌渍白菜：**选取白菜黄心，用流水洗净，捞起，以2cm×2cm×0.3cm的尺寸切片。白菜装盘，浇入1/2杯酱油，腌30min后，倒出酱油。

2 **腌渍萝卜：**用刷子刷洗萝卜，用流水洗净后捞起。以白菜尺寸切片后，加入1/2杯酱油，腌30min。腌渍好后，倒出酱油。

3 **切梨片和栗子片：**梨去皮去核之后，以萝卜尺寸切片。栗子去皮，切片。

4 **香菇和石耳切丝：**香菇和石耳分别使用湿抹布擦拭，除掉脏物之后用水泡发，切成细丝。

5 **切芥菜和细香葱：**芥菜和细香葱分别摘掉杂乱的叶子，用流水洗净，沥水后以3cm的长度切段。

6 **蒜和生姜切丝，辣椒丝切段：**蒜和生姜分别切片之后，再切成细丝。辣椒丝以细香葱的长度切段。

7 **拌制：**腌白菜和腌萝卜里加入备好的梨、栗子、香菇、石耳、芥菜、细香葱、蒜、生姜、辣椒丝等，用双手轻轻混合所有材料的同时均匀拌制。

8 **汤水的制作和浇淋：**腌过萝卜的酱油中加入备用矿泉水，味淡时用盐调味。泡菜盒子里加入拌好的材料，浇入汤水。

9 **熟成：**常温中熟成1天，在散发熟成味时，加入水芹和松子可直接食用，或放入冰箱储存。

小提示 用纯净幽香的酱油调制酱泡菜

德沼峰屋里村庄，逢年会腌酱油、大酱和辣椒酱。在初夏，挑选一个好天气，用一整冬发酵的豆浆饼和去掉卤水的盐腌渍酱油。歇一口气，紧跟着腌渍辣椒酱。过几个月，当酱油和大酱分别装进瓮器里时，也就意味着一整年的酱活结束了。酱泡菜，正是用如此精心腌渍的酱油调制而成的泡菜。这款曾在宫廷腌渍的即席泡菜，不使用盐和鱼酱，只使用酱油，具有爽口的甘味。它不辣也不咸，孩子和老人也吃得津津有味。我在想，在一家团圆的节日里，酱泡菜之所以彰显价值，都是出于这样的缘由吧。

五棵

珍味泡菜

同样一种材料，在不同季节里，外观和味道是有差异的。在初秋时切下来的萝卜茎叶和晚秋从气势汹汹的萝卜上取下来的茎叶，肯定不一样。为了体现更细致的味道差异，可用不同鱼酱和配料，分别腌渍同一种材料，就会收获各种各样的泡菜。水芹和还阳参都属于春菜，而腌渍水芹要清淡，腌渍还阳参则需浓郁辛辣。夏末的泡细香葱，加入辣椒籽，腌出泛黄的色泽；晚秋的细香葱，加满辣椒粉，腌到泛红时才够味。为了长久维持乡土风味，经过长时间发酵的泡红芥菜和青鳞虾酱泡青椒，令人感受到深厚、浓郁的珍味泡菜之精髓。加入海螺的海螺片泡菜和酒酿鲽鱼等珍味泡菜，也是风味诱人。

泡山芥菜

地藏瓮器中熟成一整冬，到第二年春天食用的珍味

准备 山芥菜3捆（6kg）

腌山芥菜：水2L，粗粒盐1.5杯

配料：辣椒粉1杯，干辣椒50g，糯米糊1杯（糯米粉1大匙，水1.5杯，豆浆1小匙），海带汤3/4杯（5cm×3cm海带1张，水3/4杯），蒜末1/2杯，姜末2小匙，鳀鱼粉少许，辣椒籽2大匙

酱：鳀鱼粉1/2杯，鳀鱼实料酱2/3杯，虾酱1/4杯

1

2

3

4

8–1

8–2

制作方法

1 清理山芥菜：挑选个头不大、质嫩的山芥菜，择掉杂乱的表叶，用流水洗一遍，捞出。

2 腌渍山芥菜：水中化开一半分量的盐，加入山芥菜，将剩余的盐撒在山芥菜上面进行腌渍。腌渍3h，中途翻面一次。最后加入鳀鱼液酱时，山芥菜自然会打蔫，因此只需轻腌就够。用流水清洗，捞出沥水。

3 打磨干辣椒：干辣椒剪掉蒂，剪成3等份之后，抖出辣椒籽，用水清洗，静置20min使干辣椒泡发。打磨机里加入少量水，加入备好的干辣椒进行打磨。

4 煮糯米糊：1/2杯水中加入糯米粉调开。剩余的1杯水倒入锅中，煮沸时加入调开的糯米粉和豆浆，调小火煮成糯米糊。熄火后放凉。

5 制作海带汤：备用水中加入海带，煮沸至汤水呈现褐色时熄火。静置20min左右，捞出海带，汤水放凉。

6 准备酱：鳀鱼实料酱连汤带料一同使用，实料与虾酱一起捣碎，汤水另存，之后加入配料中。

7 制作配料：辣椒粉、蒜末、姜末、辣椒籽加入鳀鱼液酱中，辣椒粉涨发后，加入打磨干辣椒、糯米糊、海带汤、鳀鱼粉制成配料。

8 拌制：腌好的山芥菜用配料拌匀，三四根并拢，打好结，整齐地装进泡菜盒子里，装入时用手压实。

9 熟成：常温中熟成1天，放入冰箱储藏，3周之后开始食用。

小提示 山芥菜原本质嫩，如果长久腌渍，会质硬而无味。材料中水分很少，山芥菜只需稍微浸泡，以保留水分。用带鱼内脏酱代替鳀鱼实料酱，也会散发浓郁的幽香。在德沼峰屋里村庄，泡山芥菜放进地藏瓮器里，熟成6个月。到第二年春天，泡菜散发深厚浓郁的味道时，取出食用。在煎青花鱼或秋刀鱼时，在锅底铺一层泡山芥菜，鲜鱼和泡菜的味道很搭配，是别有风味的下饭菜。

泡青蒜茎

用春季短暂现身的青蒜茎制成的别味泡菜

准备

青蒜茎500g

配料：干辣椒1/2杯，海带汤1/2杯，黏米粥2/3杯（黏米1大匙，水1杯），鳀鱼粉1大匙，姜末少许，黑芝麻少许，辣椒籽1大匙

酱：鳀鱼液酱1/4杯，虾酱汤1大匙，带鱼内脏酱1/3杯

制作方法

1 腌渍青蒜茎：青蒜茎用流水洗净，捞起，装入泡菜盒子里，浇入鳀鱼液酱，腌30min后倒出液酱。

2 打磨干辣椒：干辣椒剪蒂，用剪刀剪开，抖出辣椒籽之后洗净，涨发20min，用打磨机打磨。

3 煮黏米粥：黏米洗净后泡发1h。水中加入泡发的黏米加热，等黏米熟透、开花、变浓稠时熄火，放凉。

4 制作配料：制作海带汤，混合剩余配料。腌过青蒜茎的鳀鱼液酱和虾酱汤里加入捣碎的带鱼内脏酱，与配料混合。（制作海带汤的方法，参照28页。）

5 拌制：腌好的青蒜茎涂抹配料，整齐地装入泡菜盒子里压实。也可以按每顿分量捆成一组入盒。

6 熟成：常温中熟成1天，放入冰箱储藏，20天后食用。

小提示 在春季短暂上市的新鲜青蒜茎，选用嫩茎才不会发硬，也能品尝出味道。整条长茎用鱼酱泡制，就成了嚼劲独特的泡菜。加入带鱼内脏酱，突出幽香味，却有腥味，因此加入生姜调味。需用黏米粥才够原味，蒜不必另外加入。整根长茎直接腌渍，关键是在食用时切成适当尺寸。少用刀，才能减少变味。

泡大葱

与肉菜绝配，小菜般的泡菜

准备

大葱500g

配料：干辣椒1/2杯，海带汤1/2杯，黏米粥2/3杯（黏米1大匙，水1杯），鳀鱼粉1大匙，姜末少许，黑芝麻少许，辣椒籽1大匙

酱：鳀鱼液酱1/4杯，虾酱1大匙，鳀鱼实料酱1/3杯

制作方法

1 清洗和腌渍大葱：用流水清洗大葱，捞出装入泡菜盒子里，浇入鳀鱼液酱腌30min之后，倒出鳀鱼液酱。

2 打磨干辣椒：干辣椒剪蒂，用剪刀剪开，抖出辣椒籽，清洗后泡发20min，放入打磨机里打磨。

3 煮黏米粥：黏米洗净后泡1h左右。水中加入泡发的黏米，加热，等黏米熟透、开花、变浓稠时熄火，放凉。一次性煮好，放入冰箱使用也可以。

4 制作配料：制作海带汤，混合其余的配料。腌过大葱的鳀鱼液酱和虾酱中加入捣碎的鳀鱼实料酱，与配料混合。（制作海带汤的方法，参照28页。）

5 拌制：腌好的大葱涂抹配料，三四根条捆成一组，装入泡菜盒子里。

6 熟成：常温中熟成1天，放入冰箱储藏，20天后开始食用。

小提示 由于大葱会渗出黏液，致使汤水混浊、口味沉重，所以它并不太适合制成泡菜。唯独泡大葱，我还是很喜欢腌渍。去掉黏液多的绿叶，只取葱白腌渍就好。加入捣碎的鳀鱼实料酱、辣椒籽，腌出浓郁的口味，经熟成之后，其味甘甜，助开胃。大葱不要切开，整段腌渍，不仅有模样，黏液也不会渗出，口感洁净。

泡还阳参

微苦的味和香，促进食欲的泡菜

准备 还阳参3捆（1.5kg），细香葱40g，栗子2个

腌还阳参：水1.5L，粗粒盐1/4杯

配料：辣椒粉3大匙，干辣椒30g，海带汤2杯（5cm×5cm海带1张，水2杯），糯米糊1/3杯（糯米粉2/3大匙，豆浆1小匙，水2/3杯），蒜末2大匙，姜末1小匙，鳀鱼粉3大匙

酱：鳀鱼液酱1/3杯，虾酱1大匙，鳀鱼实料酱1小匙

制作方法

1 清理还阳参：用小刀轻轻刮净还阳参的茎部，抖出泥土，去掉脏物。

2 腌渍还阳参：备用水中化开盐，浸泡还阳参。中途翻面，腌渍一晚上。用流水涮洗，捞出沥水。

3 打磨干辣椒：干辣椒剪蒂，用剪刀剪成3等份，抖出辣椒籽，清洗后泡发20min。打磨机里放少许水，加入备好的辣椒进行打磨。

4 煮糯米糊：用水调糯米粉。打磨机里加入少许水，打磨泡发的黄豆。锅中加水加热，煮沸时加入调开的糯米粉和豆浆，调小火煮成糯米糊。

5 制作海带汤：备用水中加入海带，煮沸至汤水呈现褐色时熄火。静置20min左右，捞出海带，汤水放凉。

6 切细香葱和栗子：去掉细香葱的杂叶，洗净后捞起，以4cm的长度切段。栗子切片。

7 制作配料：配料中加入捣碎的虾酱、鳀鱼实料酱，再加入鳀鱼液酱，静置10min，使辣椒粉涨发。

8 拌制：准备好的配料中加入腌好的还阳参，拌匀。没有水分的材料容易结块，拌制时需用双手一边分开一边拌抹。加入细香葱和栗子片一同混合拌匀。

9 装入盒子：还阳参茎部对茎部、叶子对叶子凑成一把长短对齐之后，整齐地放进泡菜盒子里，再用手压实。如果拌制后直接放进泡菜盒子里，材料缠绕在一起品相很差。因此，再麻烦也要整理好，排放整齐。

10 熟成：常温中熟成1天之后放入冰箱储藏，1个月后取出食用。

泡细香葱

越熟成口感越深厚的香辣泡菜

准备

细香葱1kg
配料：辣椒粉1/2杯，干辣椒100g，海带汤1/3杯，糯米糊1/2杯，蒜末1大匙，鳀鱼粉少许
鱼酱：鳀鱼液酱1/2杯，鳀鱼实料酱1/3杯

制作方法

1 清理细香葱：用刀一次性切掉细香葱的根部，去掉发黄的表叶之后，用流水洗净，捞出沥水。

2 腌渍细香葱：大盘子里整齐摆放细香葱，浇入鳀鱼液酱，泡20~30min使细香葱打蔫，倒出剩余的鳀鱼液酱。腌渍时，将盘子倾斜，让鳀鱼液酱凑近葱头部位，腌渍效果更佳。

3 制作配料：配料材料和腌过细香葱的鳀鱼液酱、鳀鱼实料酱混合。（制作糯米糊和海带汤的方法，参照28页。）

4 拌制：细香葱整齐排放，涂抹备好的配料，用手翻动几下，保持原样整齐地装入泡菜盒子里。也可以按每顿分量捆成一组装入。

5 熟成：常温中熟成1天，再放入冰箱储藏，20天之后食用。

小提示 这款泡菜加了糯米糊，是糯口的别味泡菜。味咸劲辣才能吃出真滋味。葱白部分饱满结实的，才是传统细香葱，具有强劲的辣味和甜味。腌渍完可即席食用，不过葱味和辣味都很强烈，最好经熟成之后再食用。彻底熟成，具有发酵口味时味道也不错。由于同时使用鳀鱼液酱和鳀鱼实料酱，泡菜颜色有些发黑，这种视觉效果反而会增强食欲。为了提香，加入了蒜末，由于葱本身有辣味，不必加入生姜。

辣椒籽泡香葱

散发强烈鱼酱幽香的全罗南道泡菜

准备

细香葱1kg

配料：海带汤1/4杯，糯米糊1/2杯，蒜末1大匙，鳀鱼粉1小匙，辣椒籽1大匙

酱：虾酱汤1大匙，鳀鱼液酱1/4杯，带鱼内脏酱汤1/4杯

在冬储泡菜季，最好储备一整年的辣椒籽。在制作辣椒粉时，辣椒籽另外收集，用水清洗一次后暴晒，经密封后放入冰箱储藏。

制作方法

1 清理细香葱：用刀一次性切掉细香葱的根部，去掉发黄的表叶后，用流水洗净。

2 腌渍细香葱：细香葱里浇入适量鳀鱼液酱，腌20~30min，葱打蔫时倒出鳀鱼液酱。

3 制作配料：腌过细香葱的鳀鱼液酱里加入配料，虾酱汤和带鱼内脏酱汤也加入其中。想要腌出重口味时，在带鱼内脏酱汤里加入少量打磨后的实料一同混合。（制作糯米糊和海带汤的方法，参照28页。）

4 拌制：细香葱整齐排放，涂抹备好的配料，用手翻动几下，保持原样整齐地装入泡菜盒子里。如果是分层叠放，每层之间葱头对葱尾轮流整齐摆放。

5 熟成：常温中熟成1天，再放入冰箱储藏，20天之后开始食用。

小提示 辣椒籽泡香葱熟成到发黄时，会泡出辛辣而幽香的味道。即使不加辣椒粉，自然的辛味也令人胃口大增。辣椒籽，是只用在全罗道泡菜中的特殊材料，主要用于绿叶较多的泡菜，与带鱼内脏酱、鳀鱼实料酱特别搭配。辣椒籽泡香葱除了直接食用以外，和肉食相搭效果也特别好。例如烤里脊肉或片肉等，不含配料的肉食，搭配辣椒籽泡香葱，用其清爽的口感消减肉的腻味。

红椒泡洋葱夹心

小而结实的洋葱，一如小菜般的泡菜

准备 洋葱（小）10个

馅料：胡萝卜100g，细香葱100g，水芹70g，红椒5个，栗子2个，红枣4个

配料：细辣椒粉2.5大匙，蒜末1小匙，糯米糊2大匙，海带汤2大匙，白芝麻粒少许，鳀鱼粉少许

鱼酱：鳀鱼液酱1/2杯

汤水：矿泉水1/2杯，烤盐少许

1

2

3

4

5

6

制作方法

1 **挑选洋葱：**挑选小而结实的洋葱，尺寸相当于洋葱酱菜的洋葱，如小孩的拳头大小。

2 **清理洋葱：**洋葱去皮清洗，用刀切掉两头的蒂，十字划开。

3 **腌渍洋葱：**用刀划开的洋葱缝里，浇入鳀鱼液酱，过30min等洋葱打蔫时，倒出鳀鱼液酱。

4 **准备馅料：**胡萝卜和红椒切细丝。清理水芹和细香葱，洗净后以4cm的长度切段。栗子切细丝，红枣剜出核，以相同尺寸切丝。馅料中浇入腌过洋葱的鳀鱼液酱，轻腌至馅料打蔫时倒出。

5 **制作糯米糊和海带汤：**糯米糊煮至盛起时淅淅沥沥滑落的浓度，煮好的海带汤放凉。（制作糯米糊和海带汤的方法，参照28页。）

6 **馅料的拌制和填馅：**备好的馅料里加入倒出来的鳀鱼液酱和备用的配料拌制。腌好的洋葱划口，填满拌制的馅料。

7 **装入盒子：**泡菜盒子里整齐地放入洋葱。拌过馅料的盘子里倒入备用矿泉水，味淡时用盐调味，将此盐水浇入盒子里。

8 **熟成：**常温中熟成1天，再放入冰箱储藏，20天之后开始食用。

小提示

肉质结实、辣味较轻的洋葱里填入馅料制成了美味泡菜。用鱼酱代替盐，浇入洋葱里，轻腌至打蔫的程度，味道正好。室温中放1天，放入冰箱熟成20天左右可开始食用，与酸甜的醋渍菜相比，别有一番风味。在洋葱熟成的过程中会产生水分，因此，汤水要适量，不可过多。

泡地瓜藤

和小麦饭拌制食用的夏季别味泡菜

准备

地瓜藤1kg，细香葱20g，韭菜50g

腌地瓜藤：水2杯，粗粒盐1大匙

配料：干辣椒40g，红椒2个，白米饭1大匙，海带汤1/2杯，蒜末3大匙，姜末少许，鳀鱼粉少许，白芝麻少许

酱：鳀鱼液酱1/5杯，虾酱（肉酱）1小匙

制作方法

1 腌渍地瓜藤：备用水中加盐，溶化后浸泡地瓜藤，腌20min后去皮。

2 切细香葱和韭菜：去掉叶子，用流水洗净捞起，以4cm的长度切段。

3 打磨辣椒：干辣椒去蒂，用剪刀剪开，抖出辣椒籽，用水洗净后捞起，泡发20min。红椒去蒂，洗净后切开，抖出辣椒籽。打磨机里加入泡发的干辣椒和红椒，加入白米饭、虾酱、少许海带汤，打至润滑。（制作海带汤的方法，参照28页。）

4 制作配料：步骤3的材料和其余的配料、鳀鱼液酱混合。加入韭菜和细香葱混合。

5 拌制：备好的配料中加入地瓜藤拌匀，用手梳理后扎成团，整齐地放入泡菜盒子里。

6 熟成：腌渍后直接生吃也美味，熟成后又是另一种风味。

小提示 在我的故乡全罗北道，泡地瓜藤是经常腌渍食用的泡菜。在泡菜材料不算丰富的年代，整个夏天，小萝卜和地瓜藤是最好的泡菜。腌后去地瓜藤皮，比新鲜时去皮更轻松。去皮之后用冷水浸泡，再取出拌制，口感更加脆鲜。加糯米糊也行，还有最简单的办法是加入打磨后的白米饭。

泡蒲公英

从初春吃到晚秋的野菜泡菜

准备

蒲公英1kg，细香葱30g

腌蒲公英：水1L，盐2大匙

配料：辣椒粉2大匙，干辣椒20g，海带汤1.3杯，糯米糊3大匙，蒜末1大匙，姜末少许

酱：鳀鱼液酱3大匙，虾酱1小匙

制作方法

1 清理蒲公英：用小刀刮净蒲公英的根部，去掉泥土和脏物。

2 腌渍蒲公英：备用水中化开盐，蒲公英腌1h后用流水洗净，捞出沥水。

3 打磨干辣椒：干辣椒去蒂，用剪刀剪成3等份，抖出辣椒籽，用水洗净，泡发20min。打磨机里加入少许水，打磨备好的干辣椒。

4 切细香葱：细香葱去掉杂叶，洗净后捞起，以4cm的长度切段。

5 制作配料：备用的配料材料里加入捣碎的虾酱，加入鳀鱼液酱后静置10min，使辣椒粉泡发。（制作糯米糊和海带汤的方法，参照28页。）

6 拌制和装盒：在备好的配料中加入腌渍蒲公英和细香葱进行拌制。蒲公英茎部对茎部、叶子对叶子凑成一把，长短对齐之后，整齐地放进泡菜盒子里，用手压实。

7 熟成：常温中熟成1天左右，再放入冰箱熟成，半个月左右开始食用。

小提示 德沼峰屋里村庄，从春季至秋季都长蒲公英。在春季，选用没开花的嫩蒲公英，择掉硬尖部分，用醋酱或鱼液酱即时拌制，即席食用。秋季的蒲公英，如泡还阳参般腌渍食用。

海螺片泡菜

海螺壳里填馅，独特而精致的外观

准备 白菜1棵（2kg），萝卜1个，海螺2个（1kg），水芹30g，细香葱50g，芥菜50g

腌白菜：水1L，粗粒盐1杯

腌萝卜：粗粒盐1/3杯

配料：辣椒粉3/4杯，蒜末1/2杯，姜末1大匙，海带汤3/4杯，糯米糊2/3杯

酱：虾酱1/4杯，鳀鱼液酱3/4杯

制作方法

1　清理海螺：海螺用刷子刷洗，用沸水焯一下。

2　清理海螺肉：小心取出海螺肉，用刀切掉内脏，肉切片。

3　腌渍白菜：白菜底部用刀划半，掰开。备用水中化开一半分量的盐，白菜浸入之后，将剩余的盐撒入白菜叶片间。腌渍3h后翻面，继续腌渍2h。用流水涮洗四遍，捞起沥水，切片。表叶另存，不必切片。

4　腌渍萝卜：用刀刮净萝卜茎部的脏物，去掉杂毛之后，用刷子刷洗，以3cm×2.5cm×0.5cm的尺寸切片，撒盐腌1h。腌好之后，过筛沥水。

5　清理水芹、细香葱和芥菜：三种蔬菜摘掉杂乱的表叶，洗净后捞起，以3~4cm的长度切段。

6　制作配料：配料材料中加入虾酱和鳀鱼液酱，混合之后使辣椒粉泡发。（制作糯米糊和海带汤的方法，参照28页。）

7　拌制：备好的配料里加入白菜、萝卜、水芹、细香葱、芥菜，加入海螺肉拌匀，装入泡菜盒子里熟成。

8　海螺壳填料：海螺壳洗净后沥水。将白菜叶子填入海螺壳里，造出盘子形状。备好的片泡菜填入白菜制成的空间里。

9　熟成：完成后装入泡菜盒子里，在常温中放1天，再放入冰箱储藏10天左右，等熟成到酸甜时取出食用。

小提示　上宴客桌的片泡菜，可利用海螺壳。海螺壳先用白菜填空，再填满片泡菜，真是不错的料理。泡菜装入盒子时，用白菜表叶覆盖好，等泡菜熟成、上宴客桌时，白菜表叶用水清洗，填入海螺壳里使用。

黄瓜夹心

一整年上餐桌的爽口泡菜

准备

黄瓜20个

腌黄瓜：水3L，粗粒盐1杯

馅料：韭菜1捆（400g），胡萝卜1/2个

配料：辣椒粉1/2杯，海带汤1杯，糯米糊1/2杯，蒜末1/2杯，姜汁1大匙

鱼酱：鳀鱼液酱1/2杯

制作方法

1 腌渍黄瓜：备用水中化开盐，浸泡黄瓜。中途上下翻面，继续腌2h，腌至用手能掰弯的柔嫩程度即可。

2 划出刀口：腌黄瓜用流水清洗，捞出沥水之后，切掉前后蒂。黄瓜从中间纵向划开3个口子。

3 切馅料：韭菜去掉蔫叶，用流水洗净，切碎。胡萝卜切细丝。

4 制作配料馅：配料和鱼酱混合之后，静置10min，等辣椒粉泡发后加入韭菜和胡萝卜拌匀。（制作糯米糊和海带汤的方法，参照28页。）

5 填馅料：黄瓜开裂的刀口间隙用馅料填满。填料应适当，过多会溢出，显得脏乱。手沾馅料，在黄瓜表面轻抹一层之后，整齐地放入泡菜盒子里。

6 熟成：腌渍之后直接食用，可品尝到鲜黄瓜特有的清香。常温中熟成1天后食用，其酸甜的口感，可以增加食欲。

小提示 腌渍黄瓜以前的做法是撒盐腌渍，而如今，制成盐水，浸泡整个黄瓜进行腌渍。这种浸泡腌渍法，腌渍的黄瓜更加质嫩。如果黄瓜在腌渍之前去蒂，美味成分会流失。因此，需腌渍完整的黄瓜，到最后去蒂。因黄瓜会腌出大量汤水，可不必另制汤水浇入。

鲜辣韭菜

加满辣而咸的配料，是口感劲辣的泡菜

准备

韭菜1kg

配料：辣椒粉3大匙，干辣椒50g，海带汤1/4杯，糯米糊1/2杯，鳀鱼粉少许，辣椒籽少许

鱼酱：鳀鱼液酱1/2杯，带鱼内脏酱1/3杯

制作方法

1 清理韭菜：摘掉韭菜发蔫的表叶，整理叶尖。韭菜要一把抓在手上整理才会整齐，腌菜时也方便。用流水洗净后捞到箩筐里沥水。

2 腌渍韭菜：韭菜里浇入鳀鱼液酱，腌20min后，倒出鳀鱼液酱。

3 打磨干辣椒：干辣椒去蒂，用剪刀剪成3等份，抖出辣椒籽，用水洗净，泡发20min。打磨机里加入少许水，打磨备好的干辣椒。

4 制作配料：腌过韭菜的鳀鱼液酱里加入辣椒粉涨发之后，加入其余配料材料和剁碎的带鱼内脏酱，制作配料。加入剁碎的带鱼内脏酱的实料，效果也不错。（制作糯米糊和海带汤的方法，参照28页。）

5 拌制：配料盘子里整齐排放韭菜，用手轻轻拌抹配料，扎成团装入泡菜盒子里。

6 熟成：可在熟成之前直接食用，充分熟成10天以后食用更好吃。

小提示 庆尚道地带的人们更喜欢食用刚腌好的鲜辣韭菜。韩国温面必须搭配新鲜腌渍的鲜辣韭菜。熟成到酸酸的泡菜，放在热饭上食用也不错，而最普遍的是和咖喱饭等一品料理搭配，或者在用骨头汤、牛杂汤泡饭时食用。

清爽黄瓜条

用浅渍配料拌制黄瓜——脆口而清爽的即席泡菜

准备 黄瓜（醋渍用小黄瓜）3个

腌黄瓜：粗粒盐2大匙

配料：细香葱3根，辣椒粉1大匙，鳀鱼液酱1大匙，蒜末、白芝麻粒各少许腌渍用小黄瓜，需短时间腌渍才会脆口。

制作方法

1　**腌渍黄瓜：**选用略小的小黄瓜，用1大匙盐揉搓，去掉瓜刺间的脏物，洗净后擦去水分。纵向切成4等份之后切段，加入1大匙盐拌匀，腌20~30min。腌到适度时，捞至箩筐里，直接沥水。

2　**制作配料，浇淋：**配料充分混合之后，静置10min，使辣椒粉泡发。加入黄瓜拌匀。这款属于即席泡菜，产生水分则无味，需在食用前即时拌制。

小提示　用小黄瓜腌渍的清爽黄瓜条

这款泡菜也算是用黄瓜制成的浅渍菜，在没有适当的泡菜时，即席腌渍，直接食用。如果觉得只用黄瓜过于单调，加入卷心菜味道也不错。在食用之前加入少量芝麻油拌制，芳香四溢。如果喜欢脆脆的口感，不用白黄瓜，可使用个小无籽的小黄瓜。酱黄瓜也使用小黄瓜为佳。小黄瓜在熟成过程后会加倍脆口。

鲍鱼泡白菜

弹牙的鲍鱼肉，别样的口感

准备 白菜1棵（2kg），萝卜1kg，鲍鱼4个，水芹30g，细香葱50g，芥菜50g，栗子2个，红椒1个

腌白菜：水1L，粗粒盐1杯

腌萝卜：粗粒盐1/3杯

配料：辣椒粉150g，蒜末1/2杯，姜末1大匙，海带汤3/4杯，糯米糊3/4杯

酱：虾酱3大匙，鳀鱼液酱3/4杯

制作方法

1　**清理鲍鱼：**从鲍鱼壳入刀，小心取出鲍鱼肉，内脏用刀切掉。

2　**腌渍鲍鱼肉：**鲍鱼肉中撒入少量盐，用手搓盐轻腌之后，以适口尺寸切片。

3　**腌渍白菜：**白菜底部用刀划半，掰开。备用水中化开一半分量的盐，白菜浸入之后，将剩余盐撒入白菜叶片间。腌3h后翻面，继续腌2h。用流水涮洗四遍，捞起沥水，切片。表叶另存，不必切片。

4　**腌渍萝卜：**用刀刮净萝卜茎部的脏物，去掉杂毛之后，用刷子刷洗，以3cm×2.5cm×0.5cm的尺寸切片。修整圆边，使萝卜片呈方形。撒盐腌渍1h。腌好之后，过筛沥水。

5　**清理水芹、细香葱和芥菜：**三种蔬菜摘掉杂乱的表叶，洗净后捞起，以3~4cm的长度切段，水芹只取茎使用。

6　**切栗子和红椒：**栗子去皮，切片。红椒抖出辣椒籽，斜切细丝。

7　**制作配料：**配料材料中加入虾酱和鳀鱼液酱，静置10min，使辣椒粉泡发。（制作糯米糊和海带汤的方法，参照28页。）

8　**拌制：**备好的配料里加入白菜、萝卜、水芹、细香葱、芥菜、栗子和红椒，加入鲍鱼肉拌匀，装入泡菜盒子里熟成。

9　**鲍鱼壳填料：**用鲍鱼壳盛满备好的泡菜，整平顶部，放上鲍鱼肉片。

10　**熟成：**未经熟成的状态下食用，爽口的鲍鱼肉嚼劲十足，加上甜蜜的栗子片，口感清爽。即使熟成20天左右，鲍鱼肉的弹力依旧。

小提示　用鲍鱼壳装鲍鱼片泡菜，做成了在餐桌上演绎高贵氛围的珍贵泡菜。与熟成之前相比，泡菜平添了别样的酸甜口感。请在宴客时务必试用一次。

海鲜泡萝卜茎叶

青绿的萝卜茎叶，加满鱼酱，泡出浓郁口感的冬储季泡菜

准备 萝卜茎叶1kg

腌萝卜茎叶：水2L，粗粒盐1/2杯

配料：辣椒粉3大匙，干辣椒2个，蒜末2大匙，姜末少许，糯米糊1/4杯，海带汤1/4杯，鳀鱼粉少许，盐适量

酱：虾酱（肉酱）1小匙，鳀鱼液酱2大匙，鳀鱼实料酱汤1小匙

这款泡菜吃的是韧劲，而加入辣白菜的萝卜，其茎叶过度坚韧，不适合使用。从水泡萝卜用的小萝卜上取下来的嫩茎叶口感最好。粗而韧的萝卜茎叶可晒干，制成干菜。取下来的硬茎叶直接用稻草编在一起，晒在通风良好的屋檐下。

制作方法

1 **腌渍萝卜茎叶：**备用水中化开盐，浸泡萝卜茎叶。腌2h后，用水清洗，捞起沥水。

2 **打磨干辣椒：**干辣椒去蒂，用剪刀剪开，抖出辣椒籽，用水洗净后泡发20min。将其放入打磨机里，加少许海带汤打磨。

3 **制作配料：**配料材料中加入酱，充分混合后静置，直至辣椒粉泡发。（制作糯米糊和海带汤的方法，参照28页。）

4 **拌制：**盘子里整齐摆放萝卜茎叶，拌抹备好的配料。三四根扎成一团，整齐地装入泡菜盒子里。

5 **熟成：**常温中熟成1天，放入冰箱储藏，20天之后取出食用。

小提示 用冬储泡菜季生产的萝卜茎叶腌渍的泡菜，具有黏而韧的特殊口感。配料用法与脆腌短桶形白萝卜非常近似；如果增加鳀鱼实料酱或带鱼实料酱的量，减少鳀鱼液酱的量，会品尝到更加浓郁的香味。

酒酿鲽鱼

用略硬的小米饭腌渍的冬季珍味以佐餐

准备 鲽鱼2kg，萝卜2个，粳小米250g，大葱（葱白）120g

腌鲽鱼：粗粒盐1杯

腌萝卜：粗粒盐1/2杯

配料：辣椒粉1.5杯，麦芽粉1杯，蒜末1.25杯，姜末3大匙，鳀鱼粉1小匙

鱼酱：鳀鱼液酱1杯

2

3

5

7

8

9

制作方法

1 清理鲽鱼：选用手掌大小的小鲽鱼，切掉头尾，从鱼鳃至腹部斜线划开，取出内脏之后用流水洗净，放入柳编筐里沥水过夜。

2 腌渍鲽鱼：清理好的鲽鱼两面分别均匀地撒上1/2杯盐，放在竹筐或柳编筐里，在通风良好的地方适度阴干，中途最好翻面一次。

3 切鲽鱼：晒过的鲽鱼连骨带肉切成适口尺寸。由于是小鲽鱼，食用时并不会卡口。

4 腌渍萝卜：萝卜用刷子刷洗后捞起，擦拭水分，切成手指粗细的条。撒1/2杯盐，用手抓拌，使其调味均匀。然后用柳编筐将其放在阴凉处晾1天，晾至干湿适中。

5 煮小米饭：粳小米用水泡发1h左右，加入煮米饭分量的水，煮成小米饭，趁热盛出，平铺放凉。

6 切大葱：大葱洗后捞起，只取葱白部分，以萝卜长度切段。绿叶部分由于产生黏液，不采用。

7 准备麦芽粉：用手握住细筛，筛取麦芽细粉。

8 染辣椒色：萝卜中撒入少量辣椒粉，用手抓拌，使萝卜上色。当萝卜发干而无法上色时，浇入少许鳀鱼液酱拌匀。

9 拌制：小米饭里加入配料和鳀鱼液酱，加入清理好的鲽鱼、萝卜、大葱后拌匀。

10 熟成：放入冰箱熟成1个月左右，会适当入味。

小提示 酒酿鲽鱼，原为韩国北方地区人们在冬季爱吃的食物。一不留心，酒酿鲽鱼会在发酵之前发霉、受损，因此夏季很难腌渍。选购尺寸较小的明太鱼，只取肉晒干，可腌渍酒酿明太鱼。嫩带鱼连肉带骨切段，晒干后加入泡菜中，以相同方法腌渍酒酿带鱼，也非常美味。

爽口彩椒夹心黄瓜

具有彩椒和黄瓜的清爽口感

准备

黄瓜10个

腌黄瓜：水1.5L，粗粒盐1/2杯

馅料：彩椒（红、朱黄、黄）3个

配料：辣椒粉3大匙，海带汤1/2杯，糯米糊1/4杯，蒜末1/4杯，姜汁1小匙

鱼酱：鳀鱼液酱1/4杯

汤水：矿泉水1杯，细辣椒粉1/2小匙，烤盐少许

制作方法

1 腌渍黄瓜：备用水中化开一半分量的盐。用剩余的盐揉搓每根黄瓜后，浸入盐水中。中途调换上下位置，继续腌2h左右。

2 划开刀口：等腌到能用手掰弯的程度后用水洗净，捞出沥水，切掉前后端。纵向划开3个刀口。

3 切馅料：彩椒切半，抖出辣椒籽后切成细丝。

4 制作配料馅：配料和鱼酱混合之后，静置10min，使辣椒粉泡发。加入甜椒拌制。（制作糯米糊和海带汤的方法，参照28页。）

5 填馅：在黄瓜的划开口内填入配料馅。手蘸配料，在黄瓜表面轻抹一层，整齐地装入泡菜盒子里。

6 制作汤水和浇淋：矿泉水上放筛子，过筛细辣椒粉，用盐调味后浇入泡菜盒子里。

7 熟成：当作拌菜食用的效果最好。这款泡菜与其他泡菜相比，变酸的速度尤其快，口感容易变差。最好少量腌渍，一次腌2~3天的分量为最佳。

清爽的黄瓜，加上甜椒的香气，是具有清爽口感的泡菜。与加入韭菜馅腌渍的黄瓜夹心相比，少了辣椒含量，加入了汤水，突出了泡菜的清爽劲。

泡卷心菜卷

用卷心菜叶卷成的美味泡菜

准备

卷心菜叶10张

腌卷心菜：水1L，粗粒盐2大匙

馅料：彩椒（红、朱黄、黄）3个，萝卜1/2个，盐1大匙，韭菜100g，水芹茎少许

配料：蒜末1/4杯，姜末1小匙，糯米糊1/2杯

鱼酱：鳀鱼液酱2大匙

制作方法

1 腌渍卷心菜：卷心菜底部留足够余地切断，剜出菜心，小心摘下叶片，避免撕裂。备用水中化开盐，加入卷心菜叶，腌至叶片发软时捞起，沥水。卷心菜叶不易入味，需浸泡2h左右。

2 切彩椒：彩椒去蒂，切半，抖出辣椒籽后切成细丝。浇入鳀鱼液酱，轻腌之后倒出液酱。

3 切萝卜丝：萝卜切丝，加1大匙盐轻腌，放在筛子里沥水。带较多水分的萝卜丝影响造型，最好在使用前用力挤干水分。

4 清理韭菜和水芹：韭菜洗净捞起，切段。水芹只取茎焯一下。

5 拌制馅料：倒出来的液酱与配料混合之后，分别加入萝卜丝、彩椒丝、韭菜中进行拌制，以便入味。（制作糯米糊的方法，参照28页。）

6 添加夹心：打开腌好的卷心菜，上面整齐排放彩椒丝、萝卜丝、韭菜后卷起来，用水芹茎捆好。

7 熟成：在室温中熟成1天，放入冰箱储藏，也可直接食用。

各种馅料并排卷好的泡卷心菜卷，不含辣椒粉，鳀鱼液酱含量也不多，具有口感温和的特征，因此，孩子们也很爱吃。

青鳞虾酱泡青椒

搭配青鳞虾酱的发酵青椒和筋脆萝卜具有深厚而浓郁的口味

准备 青椒2kg，大葱（葱白）500g，萝卜2kg

腌青椒：水2L，粗粒盐1/2杯

腌萝卜：粗粒盐1/4杯

配料：辣椒粉1.75杯，蒜末1杯，姜末1/3杯，黏米粥1/3杯（黏米2/3大匙，水1/3杯），鳀鱼粉1大匙

酱：青鳞虾酱1kg，带鱼内脏酱1.5杯

1-1

1-2

2

4

6

7

制作方法

1 **腌渍青椒：**备用水中化开盐。青椒用筷子戳三四个洞，浸入盐水中轻腌，捞起沥水。青椒蒂留1cm剪掉。

2 **腌渍萝卜：**萝卜切成手指粗细，撒盐腌1h后，捞出沥水，在阴处适度晾1天。

3 **给萝卜染辣椒色：**萝卜中撒入少量细辣椒粉，拌匀，使萝卜上色。添入少量液酱，辣椒水容易上色。

4 **切大葱：**选用葱白，切成萝卜尺寸。选用中等个头、粗细适度的大葱，避免过厚。

5 **煮黏米粥：**备用黏米洗净后泡发，锅中加入1/4杯水，煮至熟烂。

6 **拌制配料：**备用材料洗净后制作成配料，加入剁碎的带鱼内脏酱实料和汤。加入腌青椒、萝卜和大葱拌匀。青鳞虾酱不必刀切，直接加入，一同拌制。

7 **熟成：**拌制的材料中，先挑出青椒铺在坛子或泡菜盒子的最底层。在青椒上面以萝卜、大葱、青鳞虾酱的顺序放好，下面均按此顺序排放。在最上面放上青鳞虾酱，用手压实，在阴凉处熟成5天左右，放入冰箱里继续熟成1个月。

小提示 熟成到酸甜的青椒和筋脆的萝卜，是口感极好的珍味泡菜。青鳞虾酱直接加入泡菜中拌制，因此，需等青鳞虾酱充分发酵之后再食用。泡菜原本很咸，吃一小口，都会胃口大增，犹如佐餐泡菜。它的发酵时间越长，味道越好。这款泡菜，吃的就是闷熟的味道，需经1个月时间，充分熟成之后食用。

青椒夹心

脆口青椒的嚼劲十足

准备 青椒20个

腌青椒：水1杯，粗粒盐1大匙

馅料：细香葱30g，红椒2个，卷心菜20g

配料：细辣椒粉1/2大匙，蒜末1/2大匙，姜末少许，烤盐适量

酱：虾酱1/2大匙

汤水：矿泉水1杯，烤盐1/3大匙

制作方法

1 准备青椒：挑选质厚、结实、辣味轻的青椒。青椒蒂打蔫的青椒不够新鲜，避免选用。用流水洗净，捞起沥水。

2 腌渍青椒：在备用水中化开盐，青椒腌1h左右后用水清洗，捞起沥水。预先去蒂会渗入水，因此，在腌渍过后去青椒蒂。

3 切材料：清理细香葱，以2cm的长度切段。红椒去蒂之后，用刀划开，抖出辣椒籽后切成细丝。虾酱切碎。卷心菜切成细丝。

4 拌制配料和填馅：备用配料材料中加入切碎的虾酱、馅料进行拌制。青椒的刀口中填满馅料，用手压实后装入泡菜盒子。

5 制作汤水和浇淋：备用矿泉水中化开盐，涮开拌制馅料后所剩的配料，轻轻浇入泡菜盒子里。为了防止青椒在水中浮起，用石头压实。

6 熟成：只放半天左右，使配料稍入味之后，直接食用。

小提示 这是用果肉厚实、清脆的时令鲜青椒腌渍的夏季别味泡菜。鲜绿的青椒和馅料中的红椒相辅相成，令人开胃。带辣味的青椒吃不出真味，因此，需挑选富含辣椒香气且具有甜味的青椒。

海鲜泡萝卜干

切片厚实，嚼劲十足的四季佐餐泡菜

准备 萝卜干100g，细香葱20g

配料：辣椒粉3大匙，糯米糊1/2杯，蒜末3大匙，梅子原汁2大匙，黑芝麻适量

鱼酱：鳀鱼液酱5大匙

柔嫩的辣椒叶，用水焯一下，铺在柳编筐里晒3~4天，即成辣椒叶干。可与萝卜干一同涨发、拌制，也很好吃。

制作方法

1 泡发萝卜干：萝卜干用水浸泡30min后捞起，保持这个状态静置一会儿，使萝卜干继续自然涨发。在拌制之前，用手挤干水分。在切萝卜干时，需考虑好泡水涨发后的萝卜干尺寸为1cm宽、2.5cm长才有嚼劲。

2 切细香葱：整理细香葱的杂叶，用流水洗净后捞起，按照涨发后的萝卜干尺寸切丝。

3 制作配料：配料材料中加入鳀鱼液酱，静置10min使辣椒粉涨发。（制作糯米糊的方法，参照28页。）

4 拌制：涨发的萝卜干和细香葱加入配料中，用手抓拌。

小提示 用冬储泡菜季收获的萝卜提前做好萝卜干，减轻了一整年的佐餐忧虑。近来，不少家庭喜欢把萝卜切薄片制成萝卜干，而我还是喜欢切厚些，喜欢萝卜干劲脆的嚼劲。以2cm×4cm×0.5cm的棍子模样切好萝卜，铺在柳编筐里，暴晒2~3天即可。挑选凉快的日子，晒在日照和通风良好处，就能晒出不带陈味的美味萝卜干。真空密封，最好放入冰箱储藏。萝卜干加鳀鱼液酱，味道最好。如果不喜欢鳀鱼液酱，可用清酱代替。

海鲜泡紫苏叶

芳香而清爽的佐餐泡菜，越熟成越发绿

准备 紫苏叶500g

配料：清酱1杯，细香葱5根，红椒5个，海带鳀鱼汤2L（10cm×10cm海带1张，鳀鱼30g，水2L），蒜末1/2杯，辣椒粉1小匙，鳀鱼粉1大匙，黑芝麻1大匙，白芝麻2大匙，辣椒丝少许

鱼酱：鳀鱼液酱1.5杯

可不使用鱼酱，加入3年陈传统清酱，做成味香甘醇的佐餐泡菜。

制作方法

1 清理紫苏叶：紫苏叶30张为一捆，不用解开，直接用流水一张张翻洗，捞起，松绑后沥水。

2 煮海带鳀鱼汤：海带用干抹布擦拭一遍，鳀鱼去掉头尾。2L水中加入海带和鳀鱼，加热至煮沸时放凉。水开时熄火，过20min后取出海带和鳀鱼，汤水保留。如果有萝卜边角，可一同煮开。

3 切细香葱和红椒：细香葱洗净，捞起沥水后切碎。红椒洗净，捞出沥水后切半，抖出辣椒籽，切成细丝。

4 制作配料：蒜末、辣椒粉、鳀鱼粉、黑芝麻、白芝麻、辣椒丝充分混合之后，加入清酱和鳀鱼液酱搅拌。浇入海带鳀鱼汤，加入细香葱和红椒混合。

5 浇入配料，装进泡菜盒子：泡菜盒子里放两片紫苏叶，配料汤用汤匙浇淋在紫苏叶片上。再叠两张，浇淋汤水。用相同方法整齐叠放紫苏叶之后，用手压实，封盖。

6 熟成：可直接食用，也可在熟成10天以后食用。

爽脆泡水芹

十足脆感的嚼劲，加上水芹特有的香气，口感清爽的泡菜

准备 水芹1kg，细香葱20g

配料：辣椒粉1/2杯，糯米糊1/4杯，蒜末1/3杯，姜末1/3杯，鳀鱼粉、白芝麻、辣椒丝各少许

鱼酱：鳀鱼液酱1/2杯

制作方法

1 **清理水芹和细香葱**：水芹切根，去掉杂叶之后，双手握住水芹茎，对着流水搓洗，洗净后捞起、沥水。细香葱也去掉表叶，用流水搓洗后捞起。

2 **腌渍水芹和细香葱**：盘子里整齐排放水芹和细香葱，浇入鳀鱼液酱，中途轻轻翻动，腌至打蔫时倒出鳀鱼液酱。

3 **准备配料**：将备用的配料材料进行混合。加入腌过水芹和细香葱的鳀鱼液酱，静置10min，使辣椒粉泡发。（制作糯米糊的方法，参照28页。）

4 **拌制**：整齐排放水芹和细香葱，浇入配料之后用手涂抹。按每顿分量结成团，装入泡菜盒子里。

5 **熟成**：像野菜般直接食用也好，熟成之后食用也罢，水芹香不变，依然美味。

小提示 在春季，妈妈去水芹滩里收割水芹，常做爽脆泡水芹。在腌渍前切段不够味，最好是整条直接腌渍，结成团保存，在上餐桌前取出，切段食用。用盐腌渍的水芹发硬，为此用鳀鱼液酱轻腌后捞起，直接拌制，才能吃到原汁原味、脆感十足的水芹茎。如果连同叶子腌渍，泡菜会显得脏乱，为了洁净，只选用水芹茎。

泡红芥菜

用气味强烈的韩国海南红芥菜腌渍的春季泡菜

准备

红芥菜3kg

腌红芥菜：水1L，粗粒盐2/3杯

配料：辣椒粉1/2杯，干辣椒25g，糯米糊1/2杯，海带汤1/3杯，蒜末3大匙

酱：鳀鱼液酱1/4杯，鳀鱼实料酱1/5杯，虾酱2大匙

制作方法

1 腌渍红芥菜：选用具有刺鼻气味而芥辣香气浓郁的红芥菜，用流水洗净，捞起。备用水中化开盐，加入芥菜浸泡2h左右。中途翻面一次，使盐水均匀入味。

2 打磨干辣椒：干辣椒去蒂，用剪刀剪成3等份之后，抖出辣椒籽，用水清洗后泡发20min。打磨机里加入少许水，打磨备好的干辣椒。

3 制作配料：备用的配料材料里加入剁碎的虾酱，加入鳀鱼实料酱和鳀鱼液酱之后，静置片刻，使辣椒粉泡发。（制作糯米糊和海带汤的方法，参照28页。）

4 拌制：腌好的芥菜用配料拌匀。每三四根整齐并拢，结成团，边用手压实，边整齐排放在泡菜盒子里。

5 熟成：常温中放1天，放入冰箱熟成1个月之后食用。

小提示 用丽水山芥菜腌渍的泡菜固然受欢迎，而我更喜欢用全罗道红芥菜腌渍的泡菜。也许是一整冬遭遇海风而生的缘故，其辣味和刺鼻的芥辣香可谓是芥菜之最。红芥菜的红色素加入汤水中，很容易泡出颜色。由于泡出来的颜色呈深杜鹃花色，在腌渍水泡菜时，我喜欢用它调色。

葱香小萝卜

搭配大酱拌饭或拌面的最佳夏季泡菜

准备

小萝卜3捆，细香葱30g

腌小萝卜：水3L，粗粒盐1杯

配料：辣椒粉1杯，干辣椒100g，糯米糊1杯，海带汤1杯，蒜末1杯，姜末1大匙，鳀鱼粉少许

酱：虾酱汤1/4杯，鳀鱼实料酱汤1/4杯，鳀鱼液酱1杯

制作方法

1 **清理和腌渍小萝卜：**去掉小萝卜的蔫叶，保留根部，用刀刮净茎部脏物。在备用水中化开盐，轻轻浸泡小萝卜。由于多次翻动会引发菜腥味，中间只翻面一次。

2 **打磨干辣椒：**干辣椒去蒂，用剪刀剪开，抖出辣椒籽，用水清洗后泡发20min。放入打磨机里，加入少许海带汤进行打磨。

3 **腌渍细香葱：**细香葱去掉杂乱表叶，用流水洗净，捞出。宽盘里整齐排放细香葱，加入少许鳀鱼液酱，轻腌至细香葱打蔫即可。倒入剩余液酱。

4 **制作配料：**腌过细香葱倒出来的鳀鱼液酱与备用配料材料混合。加入虾酱汤和鳀鱼实料酱汤进行混合。（制作糯米糊和海带汤的方法，参照28页。）

5 **拌制：**小萝卜和细香葱不必刀切，按原始长度直接拌制。用备好的配料轻轻涂抹，拌匀。细香葱和小萝卜拿在一起，按每顿分量结编，整齐放入泡菜盒子里。

6 **熟成：**常温中熟成1天，放入冰箱储藏，10天之后开始食用。

拌渍小萝卜

微苦的小萝卜和适度的汤水是一品夏季泡菜代表

准备 小萝卜3捆（5kg）

腌小萝卜：水5L，粗粒盐250g

馅料：细香葱150g

配料：水2L，小麦粥5杯，海带汤2.5杯，粗粒盐1/4杯，干辣椒150g，青阳辣椒50g，红椒100g，蒜末1杯，姜末2大匙，白芝麻少许

鱼酱：鳀鱼液酱1杯

在夏季，熟成的拌渍小萝卜可泡入面条或米饭里。

制作方法

1 清理小萝卜：小萝卜去掉蔫表叶，用刀刮萝卜皮，去掉细毛。用流水洗净后沥水。

2 腌渍小萝卜：备用水中化开盐，加入小萝卜浸泡。过1h左右，等小萝卜打蔫时，不过水，直接放在柳编筐里沥水。一旦用水清洗，小萝卜香气会流失，直接捞起，沥水后使用。

3 打磨辣椒：干辣椒去蒂，用剪刀剪成3等份，抖出辣椒籽，用水清洗后泡发20min。青阳辣椒和红椒去蒂，去籽后洗净，备用。收拾好的干辣椒、青阳辣椒、红椒加入打磨机里，加入少许海带汤打磨。

4 制作汤水配料：备用水中加入打磨的辣椒、蒜末、姜末、小麦粥和海带汤等备好的材料，充分混合后制成汤水配料。做好的汤水配料过筛，只取净汤使用。（制作小麦粥和海带汤的方法，参照28页。）

5 浇入汤水：小萝卜折起茎叶结成团，放入泡菜盒子里，浇入汤水。

6 熟成：常温中熟成半天，放入冰箱储藏，3天左右可以开始食用。

卷心菜栉江珧夹心

卷心菜和栉江珧相配，腌制出深厚、舒爽的一流口感

准备 卷心菜2kg，栉江珧400g

腌卷心菜：水2L，粗粒盐2.5杯

馅料：韭菜300g，细香葱100g

配料：辣椒粉1/2杯，糯米糊1/2杯，海带汤1/2杯，打磨红椒1/2杯，蒜末1/4杯，姜末2小匙

酱：鳀鱼液酱1/2杯，虾酱1.3大匙

卷心菜一般要用盐水腌渍15h，在盐水浸泡的状态下，每3~4h在卷心菜叶片间撒盐，腌渍时间可缩短2h。

制作方法

1 **腌渍卷心菜：**卷心菜底部留足够余地切断，以菜心为中心，切成4等份。备用水中化开盐，加入卷心菜，腌至菜叶发软。

2 **清理栉江珧：**栉江珧洗净，清理之后，以后闭壳肌为中心切丝，用盐调味备用。

3 **韭菜和细香葱切段：**韭菜和细香葱摘掉蔫叶，用流水洗净后捞起，以3~4cm的长度切段备用。

4 **制作配料：**海带汤里加入辣椒粉、打磨红椒，预先泡发后，加入糯米糊，鳀鱼液酱和虾酱，蒜末和姜末，备好的栉江珧、韭菜和细香葱拌匀。（制作糯米糊和海带汤的方法，参照28页。）

5 **拌制：**腌好的卷心菜叶片间放入配料拌抹。

6 **熟成：**常温中放半天左右，在冰箱里熟成20天以上再取出食用。

韭香地瓜藤

清脆的地瓜藤和幽香的韭菜，形成美味的夏季泡菜

准备

地瓜藤1kg，韭菜500g

腌地瓜藤：水2.5杯，盐1/4杯

馅料：细香葱100g

配料：辣椒粉1/4杯，小麦粥1/4杯，海带汤1/4杯，鳀鱼粉1小匙，红椒50g，干辣椒40g，青阳辣椒40g，蒜末1/2杯，姜末1.3大匙，白芝麻少许

液酱：鳀鱼实料酱1.3大匙，带鱼液酱1/2杯，虾酱（杂虾）1.3大匙

地瓜藤在盐水中浸泡过后去皮，会比新鲜时去皮更加轻松。

制作方法

1 清理地瓜藤：选用富有弹性、新鲜的地瓜藤，用流水洗净。备用盐水中浸泡地瓜藤，腌20min后去皮，并排整理，捞至柳编筐里沥水。

2 清理韭菜：韭菜去掉蔫表叶，修整叶端。用流水洗净，捞至柳编筐里沥水，切段备用。

3 腌渍地瓜藤和韭菜：收拾好的地瓜藤和韭菜用带鱼液酱腌渍。腌完所剩的汤水，在最后制作配料时使用。

4 打磨辣椒：干辣椒去蒂，用剪刀剪开，抖出辣椒籽，用水清洗后捞起，静置20min使其涨发。青阳辣椒和红椒去蒂，清洗后切开，抖出辣椒籽。泡发的干辣椒、青阳辣椒、红椒加入打磨机里，加入少许虾酱和海带汤促进润滑，并进行打磨。（制作小麦粥和海带汤的方法，参照28页。）

5 制作配料：腌渍地瓜藤和韭菜后所剩的汤水中，加入打磨辣椒和其余配料材料进行混合。

6 拌制：备好的配料里加入地瓜藤拌匀后，用手梳理，结成团，整齐放入泡菜盒子里。

7 熟成：腌好趁新鲜时可直接食用，也可熟成后食用，各有不同风味。

海鲜泡洋葱

刺鼻香气和脆口食感——开胃的泡菜

准备

洋葱2捆（5kg）

配料：辣椒粉1杯，糯米糊1.5杯，海带汤1/2杯，鳀鱼粉1.3大匙，蒜末1/2杯，姜末1/4杯

液酱：鳀鱼液酱3.5杯，虾酱1/2杯，带鱼内脏酱1/2杯

制作方法

1 清理洋葱：寻购带茎洋葱，切根去皮。用水洗净后捞至柳编筐里沥水。如果洋葱个儿大，在根部用刀划开十字口，使配料能渗入洋葱内部。

2 腌渍洋葱：铜盆里放入洋葱，浇入鳀鱼液酱腌2h，直到洋葱打蔫，再倒出鳀鱼液酱。

3 制作配料：步骤2中倒出来的鳀鱼液酱里加入辣椒粉、蒜末、姜末、糯米糊、海带汤、鳀鱼粉、虾酱、带鱼内脏酱，制成配料。（制作糯米糊和海带汤的方法，参照28页。）

4 拌制：腌好的洋葱加入配料中，拌匀。如果洋葱有刀口，在刀口间隙里填入拌好的配料。

5 装入泡菜盒子：洋葱茎折起缠好，整齐装入泡菜盒子里。上面撒上盐，用腌白菜叶或保鲜膜覆盖。

6 熟成：在泡菜冷柜里熟成3~4个月再食用，味道很好。

在4月至5月初，洋葱多产于全罗南道务安郡。海鲜泡洋葱只放少许蒜也够味，敬请参考。

海鲜泡大葱

鲜辣葱香，一流的泡菜

准备 葱泡菜用葱3捆（5kg）

配料：辣椒粉1杯，海带汤1.5杯，糯米糊1.5杯，鳀鱼粉1.3大匙，蒜末1/2杯，姜末1/4杯，打磨辣椒1杯

液酱：鳀鱼液酱3杯，虾酱1/2杯，带鱼内脏酱1杯

制作方法

1 清理葱：葱去根，修整表叶，洗净后捞至柳编筐里，沥水。

2 腌渍葱：铜盆里加入葱，浇入鳀鱼液酱腌2h左右，倒出鳀鱼液酱。

3 制作配料：步骤2中倒出来的鳀鱼液酱里，加入辣椒粉、打磨辣椒、蒜末、姜末、糯米糊、海带汤、鳀鱼粉、虾酱和带鱼内脏酱，制成配料。（制作糯米糊和海带汤的方法，参照28页。）

4 拌制：整齐排放葱，浇入配料之后，用手涂抹配料。按每顿分量结编，装入泡菜盒子里，覆盖厚厚的几层白菜表叶，上面撒上盐。

5. 熟成：在泡菜冷柜里熟成3~4个月之后食用，泡菜会散发一流的闷香味。

小提示 一般在5月的全罗南道可以购得新鲜葱。需挑选头部较大的葱。

六棵

泡菜料理

如果家中备足了辣白菜或老泡菜，下饭菜一事可算是后顾无忧了。丢几条鲲鱼在咕嘟咕嘟煮开的泡菜汤中，再切入圆溜溜的猪脖子肉，加上用慢火炖熟的老泡菜，真是越吃越留恋。用畅爽的泡菜汤浸食的泡菜面条卷，以及做够分量储备好，到时蒸热食用的泡菜馒头，都是不错的正餐。用冷水随便涮洗过的老泡菜包饭吃，那滋味胜过山珍海味。切得厚实的孔鳐和猪肉片，搭配熟成的辣白菜，只凭这款菜式，作为南道料理的代名词，足以提升整个餐桌的品味。市场上的泡菜汤和炖老泡菜多如牛毛，不论哪一个都不如妈妈精心挑选、亲手腌渍的泡菜。因为自古以来，用心摆布的温暖的饭桌上，好吃的泡菜总会稳居首席。

炖老泡菜

搭配猪脖子肉食用的别味土菜

准备 老泡菜1/3棵，猪肉（脖子肉）200g，海带汤1/2杯（2cm×2cm海带1张，水1/2杯），泡菜汤1/2杯

配料：大葱1棵，红椒1个，青椒1个，辣椒粉1小匙，芝麻盐1小匙

猪肉配料：蒜末1大匙，姜末少许，料酒1大匙

制作方法

1 **准备老泡菜：**粗略抖出老泡菜的配料，只切掉头部，纵向切半，不做其他修整。不要丢弃酸甜的泡菜汤，可与配料混合调味。

2 **准备猪肉：**生猪肉用流水擦拭一遍，以小孩拳头大小切块。脂肪适中的脖子肉，煮烂后撕起来吃味道不错。在猪肉配料里加入肉，用手抓拌，使配料入味之后，静置30min。

3 **煮海带汤：**海带用干抹布拭去白粉，放进冷水中加热。煮沸时熄火，静置片刻，等汤入味时取出海带。

4 **切大葱和辣椒：**大葱斜切，红椒和青椒也斜切后抖出辣椒籽。

5 **放入锅中：**在小锅或大锅的一侧摆入老泡菜，另一侧放入调好料的猪肉。混合海带汤和泡菜汤，适量倒入锅中加热。如果想吃煮烂的肉和泡菜，最好使用压力锅或者砂锅。

6 **加入大葱煮：**肉和泡菜煮熟，充分煮出汤水之后，加入斜切的大葱、青椒、红椒、辣椒粉和芝麻盐，再开锅一次。加入辣椒粉可突出辛辣味，汤水颜色也发红。味淡时加入泡菜汤调味。泡菜汤比盐更协调。

小提示　一口一个——老泡菜包饭

老泡菜100g，泡山芥菜100g，米饭4碗

米饭配料：香油1大匙，芝麻盐1大匙，盐少许

1 **准备老泡菜：**熟成至酸甜的老泡菜，抖出配料，用清水涮一次，挤干后只取宽叶备用。

2 **准备芥菜老泡菜：**熟成的泡山芥菜，抖出配料，用清水涮一次，只取绿叶备用。

3 **给米饭调味：**略硬的白米饭分装至铜盆里，待热气散去之后，加入香油、芝麻盐和盐，充分混合调味。

4 **包饭：**分别打开老泡菜和芥菜老泡菜，加入调好的米饭成条状，四边卷起，裹紧，避免米粒漏出。

猪肉孔鳐老泡菜

水煮猪肉、发酵孔鳐和老泡菜联手，打造全罗南道珍味梦幻组合

准备 老泡菜100g，孔鳐100g，猪肉（脖子肉）300g，虾酱（肉酱）2大匙

猪肉配料：大酱1/2大匙，海带1张（4cm×4cm），洋葱1/2个，大葱1棵，胡椒粒适量，盐少许

虾酱配料：辣椒粉少许，香油少许，芝麻盐少许

制作方法

1 准备老泡菜：整棵老泡菜保持原状，以适口尺寸切断。老泡菜的汤水影响美观，在切断之前用手挤出汤水。馅料过多，对包肉也不方便，需取出部分馅料。

2 准备孔鳐：发酵的孔鳐去皮，以适口尺寸整齐切断。如果不习惯孔鳐独特的气味，挑选发酵时间短，氨水气味不太浓的孔鳐。

3 清理猪肉：脂肪和软骨适中的猪脖子肉好吃。猪肉用冷水浸泡，排出血水之后，用棉纱线捆绑，使猪肉定型。

4 煮猪肉：锅中倒满水，煮沸时加入大酱、海带、洋葱、大葱、胡椒粒、盐。加入用棉纱线捆绑的猪肉，煮90min左右。加入胡椒粒可去除异味，渗入胡椒独特的香气。

5 散热，切肉：用牙签扎肉，不见血水时立即取出，放凉，拆线，切成适口尺寸。以肥瘦相间的状态切肉，冷肉无味，需保温，在食用时立即取出。

6 装盘：盘子一侧并排铺好猪肉，旁边并排装入与猪肉尺寸相同的孔鳐，再加入泡菜，需留意泡菜漏汤水。由于是包猪肉和孔鳐，老泡菜尺寸不宜过大。

7 搭配虾酱：虾酱中分别加入少量的芝麻盐、香油、辣椒粉，混合之后与泡菜盘搭配上桌。色白饱满的虾酱和泡菜很相配。汤水和实料均匀装盘，便于一同蘸食。

小提示 老泡菜、孔鳐和肉片的组合

这道料理的主要材料为水煮猪肉、发酵孔鳐和熟透的老泡菜三样。孔鳐具有一流的刺鼻香气，加上芳香柔软的猪肉片，用老泡菜包起来食用，就能感受难以形容的丰富口味。这里再搭配一杯米酒，那实在是梦幻组合。自古以来，在全罗南道就有道“洪浊”的菜，就是孔鳐和米酒的搭配，现在，在这基础上多了肉片和老泡菜。在食用时，放一片猪肉，上面放虾酱，再放一片孔鳐肉，用老泡菜包好食用。发酵时间越长越筋道的孔鳐，越嚼越能散发香味。虾酱最带劲的是白而饱满的肉酱。这道菜原属全罗南道地方菜，而在全罗北道，还有将孔鳐肉用醋酱蘸食的吃法。

泡芥菜炖秋刀鱼

秋刀鱼和老泡菜相融的珍味

准备

秋刀鱼5条，泡芥菜200g，红椒 1个，青椒1个，大葱1/2棵，海带汤1/3杯（3cm×3cm海带1张，水1/2杯）
炖料酱：酱油1大匙，大酱1大匙，辣椒粉1大匙，蒜末1/2大匙，姜末1小匙，清酒2小匙

制作方法

1 准备秋刀鱼：秋刀鱼去掉头和尾，取出内脏后切成两段，用流水洗净，捞起。

2 准备泡芥菜：泡芥菜抖掉配料，以秋刀鱼尺寸切段。

3 切大葱和辣椒：大葱斜切，红椒和青椒斜切，抖出辣椒籽。

4 煮海带汤：海带用干抹布拭去白粉，放入冷水中加热。煮沸时熄火，静置片刻，等汤水入味时取出海带。切记：海带须即时捞出，否则汤水会变混浊、浓稠。

5 制作炖料酱：混合备用材料制作炖料酱。大酱会抑制秋刀鱼的腥味，因此必须加入大酱。

6 用泡菜包秋刀鱼：用泡芥菜的宽叶卷好秋刀鱼。

7 放入小锅：小锅底铺好泡芥菜的粗枝，上面放好用叶子包紧的秋刀鱼，浇入炖料酱、海带汤进行加热。

8 适度炖煮：煮开时，不时往秋刀鱼上浇淋汤水，以便配料均匀入味。等汤适度收水时，加入青椒、红椒和大葱，盖好盖子，再次用小火炖至几乎见不到汤水。

炖泡菜汤

熟透的辣白菜和老泡菜混搭出舒爽的一流口感

准备

老泡菜150g，辣白菜150g，猪肉（脖子肉）200g，豆腐1/2块，洋葱1/2个，大葱1/2棵，红椒、青椒各1个，海带汤2杯（5cm×5cm海带1张，水2杯），酸泡菜汤1.3杯，胡椒粉少许

猪肉配料：粗辣椒粉1大匙，蒜末1小匙，盐、香油少许

制作方法

1 准备泡菜：准备等量的老泡菜和熟成20天的辣白菜，以4cm的长度切断。这两种泡菜一同加入，才能煮出酸甜、深厚而浓郁的风味，口味也一流。

2 准备猪肉：猪脖子肉以适口尺寸切厚片，加入猪肉配料，拌匀调味。

3 准备辅料：洋葱切丝，红椒、青椒、大葱斜切。以适口尺寸切豆腐。

4 煮海带汤：海带用干抹布擦拭白粉，放入冷水中加热。煮沸时熄火，静置片刻，等汤水入味时取出海带。

5 加泡菜煮：小锅中加入海带汤和泡菜，充分煮熟之后，加入切丝洋葱和调味猪肉，继续煮20min左右。

6 加入豆腐煮：等泡菜有光泽、入味，猪油在汤水中化开时，放入豆腐，加入红椒、青椒、大葱、蒜末，炖5min左右。

7 用泡菜汤调味：调出酸辣口味后，撒胡椒粉。

泡菜浸面条

用熟至酸甜的泡菜浸泡出清凉口味

准备 腌白菜5kg，净面400g，细香葱20g，盐1大匙

汤水：萝卜300g，梨1个，洗涤盐3大匙，矿泉水2.5L，虾酱1/4杯，细辣椒粉1/2杯，蒜末3大匙，姜末1小匙，冷水1杯

制作方法

1 **准备腌白菜：**白菜用流水洗一遍，捞出沥水。腌渍整棵白菜时，每3棵白菜需要2L盐水和1杯盐。（腌渍方法参照16页。）

2 **萝卜和梨刨丝：**萝卜用刷子刷洗，沥水后用刨丝钢板刨丝。梨去皮去核，用刨丝钢板刨丝。

3 **准备虾酱：**煮沸1L矿泉水，加入虾酱再次煮沸后放凉。

4 **准备细香葱：**细香葱洗净，加入1大匙盐腌渍后，放在箩筐里沥水。以丝带状结编备用。

5 **制作汤水：**1.5L矿泉水化开盐。刨好的萝卜和梨、煮沸放凉的虾酱汤、辣椒粉、蒜末、姜末过筛后与盐水混合。需使用细辣椒粉，以免汤水混浊。

6 **熟成：**泡菜盒子里整齐放入备好的白菜，浇入汤水之后，常温中熟成1天，再放入冰箱熟成2周左右，以便入味酸甜。细香葱能改善汤味。

7 **煮面条：**小锅中倒入水加热，水开后放入净面，煮沸后加入1杯冷水。再次煮沸后面条用冷水涮洗、捞出。如果使用冰水，面条会更筋道。

8 **泡面条：**盘中加入面条，泡菜以适口尺寸切开，放在面条上面，浇入冷藏的汤水摆上桌。

小提示　放入泡菜条的泡菜饼

辣白菜1/2棵，面粉1杯，水1.5杯，泡菜汤1/2杯
配料：香油少许，芝麻盐少许，蒜末1小匙

1 **准备辣白菜：**辣白菜抖掉馅料，以适当尺寸切碎，加入香油、芝麻盐、蒜末，用手抓拌。

2 **制作面糊：**备用水中混合泡菜汤。加入泡菜汤之前，为了避免混入辣椒粉，先用细筛过滤泡菜汤，只取净汤加入。为了防止结块，面粉在过筛后加入汤水中。仔细搅拌，使面粉充分化开。调至舀起面糊淅淅沥沥滑落的程度即可。

3 **油煎：**加热的平底锅中放入油，再用厨房毛巾轻轻拭出。用小勺盛1勺面糊，放在平底锅中摊开，煎至一面轻微凸起。配好料的泡菜摆好造型放在面糊上，翻面稍微煎一下。

酸菜水饺

切入挤干水分、熟成的泡菜，散发酸甜味的别味饺子

准备 饺子皮适量（面粉5杯，盐1小匙，水3杯）

饺子馅：泡菜200g，猪肉末50g，牛肉末100g，豆腐1/5块，绿豆芽100g

饺子馅配料：盐1大匙，香油1大匙，蒜末1大匙，葱末2大匙，胡椒粉适量

制作方法

1 **制作饺子皮：**面粉中加入水和盐混合。面粉和到一定程度时，盖上湿布，静置30min左右。继续用手揉面，揉出黏性时，用手摘下面团，团成圆柱形，再用刀切断。面团用擀面杖擀平，制成饺子皮。不时撒入面粉，防止饺子皮粘案板。

2 **准备饺子馅：**选用熟透的泡菜，抖掉配料，用流水轻涮一次，挤干水分后切碎。

3 **准备绿豆芽和豆腐：**绿豆芽只去掉杂乱的尾部，沸水中加入少量盐，焯一下绿豆芽，挤干水分后切碎。豆腐放在案板上，用刀压碎，用干净的棉布包紧，挤干水分。

4 **制作饺子馅：**肉、泡菜、绿豆芽、豆腐中加入配料，均匀混合。

5 **包饺子：**饺子皮中加入1勺饺子馅，面皮折半对贴，用指尖捏出造型。饺子皮边缘沾水或将搅匀的鸡蛋清涂上去，面皮会粘得更牢。将两边收拢，包成圆形也可以。

6 **蒸饺子：**冒热气的蒸锅里铺好湿棉布，间隔摆好饺子，避免互粘，开始蒸饺子。

小提示　用酸菜水饺煮饺子汤

酸菜水饺15个，牛肉（牛排）300g，水15杯，蒜头5个，汤用酱油少许，烤盐少许，鸡蛋2个，胡椒粉少许

肉配料：汤用酱油2小匙，葱末2小匙，蒜末1小匙，香油1小匙，胡椒粉少许

1 **煮牛肉：**牛肉在冷水中泡2h，去掉血水。备用水煮沸后加入牛肉和蒜头，煮1h左右。用牙签扎肉，不渗出血水时熄火，捞出牛肉放凉。

2 **制作肉汤：**煮过肉的汤过筛，只取净汤倒入小锅里，加入适量汤用酱油和烤盐调味。

3 **牛肉调味：**水煮牛肉放凉后，按纹理撕开，加入配料轻轻抓拌。

4 **煎鸡蛋：**鸡蛋分离蛋黄和蛋清，分别煎好，切成丝。

5 **煮饺子：**包好的饺子放入沸水中煮熟，捞起。

6 **煮饺子汤：**煮沸备好的肉汤，中途调小火，加入煮好的饺子，再煮开一次。味淡时用烤盐调味，撒入胡椒粉。煮熟的饺子装盘，上面摆上预先拌好的牛肉丝，浇入汤水。

豆芽汤饭

切碎的泡菜和酱肉，口感清爽的汤饭

准备

牛肉300g，水1杯，泡菜100g，黄豆芽150g，鳀鱼汤4杯（鳀鱼15只），饭4碗，生姜适量，蒜3个

酱肉配料：酱油1/3杯，汤用酱油2大匙

汤饭配料：蒜末2大匙，葱末2大匙，虾酱2大匙，细辣椒粉1大匙，盐1大匙，芝麻盐适量

制作方法

1 煮牛肉：牛肉以5cm×5cm的尺寸切开之后，浸入水中排出血水。1杯水加热，加入牛肉，并加入切片的蒜和生姜，煮开。

2 制作酱肉：牛肉煮熟之后，调小火，加入酱油和汤用酱油炖肉。用勺子随时浇淋汤水至牛肉上面，炖至汤水适当收汁即可。

3 撕肉：牛肉散热后取出，按纹理一条条撕开。

4 清理豆芽：选用茎不长的豆芽，剥去豆皮，用流水洗净。小锅中倒入少许水，加入豆芽，盖子盖紧，煮至脆口。

5 准备泡菜：取出熟成的泡菜，抖掉配料之后挤掉汤水，将泡菜切碎。

6 煮鳀鱼汤：小锅中倒入4杯水，放入鳀鱼煮开。经15min鳀鱼汤入味之后熄火，捞出鳀鱼。

7 用砂锅煮：用砂锅盛饭，上面摆放豆芽和泡菜，浇入热鳀鱼汤加热。煮沸时加入蒜末和葱末，再煮沸一次。

8 调味：撕好的牛肉用虾酱、辣椒粉、盐、芝麻盐调味，放在汤饭上面。

小萝卜拌饭

拌沙拉般拌制的香甜拌饭

准备

小麦粒1杯，水5杯，大米1杯，葱香小萝卜适量，大酱5大匙，蒜末1小匙，鳀鱼粉1小匙，芝麻盐少许，香油少许，葱香小萝卜汤适量

制作方法

1 **煮小麦粒：**小麦粒洗净，水中浸泡1h。锅中加入小麦粒，倒3杯水，煮熟至小麦粒开花后，过筛，沥水。

2 **泡大米：**大米洗净捞起，不必泡水，直接静置30min，等其自然涨发。

3 **做小麦饭：**将煮至开花的小麦粒装入锅中，上面摆放涨发的大米，加入3杯水煮饭。收水时调小火，煮片刻后熄火，焖20min。焖的时间比焖米饭时间长一些，这样才不会夹生，软硬度刚好。

4 **准备葱香小萝卜：**熟成至酸甜的葱香小萝卜，切成适口尺寸。（制作葱香小萝卜的方法，参照183页。）

5 **制作大酱配料：**用于拌饭的，新酱较好吃。大酱里加入细磨鳀鱼粉、蒜末、芝麻盐、香油，混合制作配料酱。如果喜欢辣椒酱的口味，可适量加入辣椒酱。

6 **装盘上桌：**充分焖熟的小麦饭装盘，散热后，上面加满备好的葱香小萝卜上桌。调好的大酱装入另一个盘子里上桌。如果有熟成至酸甜的葱香小萝卜汤，可单独盛入盘子里，供进餐中途饮用。

My First Homemade Kimchi

This Simplified Chinese edition was published by Henan Science and Technology Press in 2011 by arrangement with Woongjin Think Big Co., Ltd., KOREA
through Imprima Korea Agency and Qiantaiyang Cultural Development (Beijing) Co., Ltd.

著作权合同登记号：图字16—2013—056

图书在版编目（CIP）数据

李河然教你在家做纯天然韩国泡菜/（韩）李河然著；李花子译. —郑州：河南科学技术出版社，2014.6
ISBN 978-7-5349-5468-9

Ⅰ.①李…　Ⅱ.①李…　②李…　Ⅲ.①泡菜-蔬菜加工-韩国　Ⅳ.①TS255.54

中国版本图书馆CIP数据核字（2014）第056825号

出版发行：河南科学技术出版社
地址：郑州市经五路66号　邮编：450002
电话：（0371）65737028　65788613
网址：www.hnstp.cn
策划编辑：刘　欣
责任编辑：葛鹏程
责任校对：徐小刚
封面设计：杨红科
责任印制：张艳芳
印　　刷：北京盛通印刷股份有限公司
经　　销：全国新华书店
幅面尺寸：210 mm × 225 mm　　印张：13　　字数：300千字
版　　次：2014年6月第1版　　2014年6月第1次印刷
定　　价：46.00元
